《农村青年创业致富丛书》

农村也能挣大钱

黄淼木 编著

四川出版集团
四川科学技术出版社

图书在版编目(CIP)数据

农村也能挣大钱/黄森木主编.－成都:四川科学技术出版社,2007.9(2009.3重印)

(农村青年创业致富丛书)

ISBN 978-7-5364-5194-0

Ⅰ.农… Ⅱ.黄… Ⅲ.多种经营-科学技术 Ⅳ.S39

中国版本图书馆 CIP 数据核字(2007)第 022489 号

农村青年创业致富丛书
农村也能挣大钱(修订版)

编 著 者	黄森木
责任编辑	李蓉君
封面设计	韩健勇
版面设计	康永光
责任校对	刘涌泉
责任出版	周红君
出版发行	四川出版集团·四川科学技术出版社
	成都市三洞桥路 12 号 邮政编码 610031
成品尺寸	185mm×130mm
	印张 8 字数 130 千 插页 1
印 刷	成都市新都华兴印务有限公司
版 次	2007 年 9 月成都第一版
印 次	2009 年 3 月成都第三次印刷
定 价	14.80 元

ISBN 978-7-5364-5194-0

■ 版权所有·翻印必究 ■

■本书如有缺页、破损、装订错误,请寄回印刷厂调换。
■如需购本书,请与本社邮购组联系。
地址/成都市三洞桥路 12 号 电话/(028)87734081
邮政编码/610031
网址:www.sckjs.com

《农村青年创业致富丛书》编委会

主 编　董仁威

编 委　董仁威　黄森木　欧阳军　刘文传
　　　　何定镛　康定蓉　刘秀品　廖　迅

前言

改革开放使我国农村经济迅猛发展,农民的生活发生了巨大变化,农业生产进入了全面发展的新阶段。特别是近年来,粮食连年丰收,畜禽产品日益丰富,农业的长足发展为我国国民经济的快速发展奠定了坚实的基础。

"农村是一个广阔的天地"。八亿多勤劳的中国农民,世代以土地为本,生产出的粮食养活了占世界人口五分之一的中国人,其功不可没。然而,由于我国农业效益比较低、农业科技水平不高,在商品经济大潮中,农业成为一个弱质产业,不少农村人弃农经商或外出打工,虽然这是农村剩余劳动力转移的有效形式,但也一定程度影响了农业的全面发展。

就在不少人离开祖祖辈辈生活的农村去"淘金"的浪潮中,却有许许多多的农村有志青年,他们"以农为本",励精图治,艰苦创业,凭着自己的聪明才智,在种植业、养殖业和农产品加工业中大显身手,为农村经济的发展书写着历史新篇章。也还有不少城里的热血青年,他们下乡承包"四荒",开创新的事业,实现人生的价值。农村和城里青年用亲身的实践和经历,证明了"农村也能挣大钱"。

本书搜集、整理出部分农村和城市青年在农村依靠先进的科学技术创业,达到增收致富的事迹以及他们致富的方法和技术,旨在启迪和激励人们,只要转变观念,重视农村实用新技术的推广,在农村是可以"大有作为"的。

由于时间仓促,书中难免存在不妥,请读者指正。同时,对书中引用到的一些文章的原作者表示感谢。

编著者
2003年9月于四川绵阳

目 录

敢将荒山变乐园 1
　　——观光农业大有可为

种养结合致富路 7

巾帼笑傲华蓥山 30
　　——靠种植业致富的奇迹

扶贫致富领头雁 48
　　——种李树发财记

燃烧青春的火焰 54
　　——种葡萄能致富

洒播美丽的使者 77
　　——农家院花园前景好

经风雨　见彩虹 86
　　——他靠蘑菇致富

种菜走上致富路 100
　　——无公害种菜致富快

营造温馨家园 108
　　——栽桑也致富

在奋斗中前进 116
　　——种药材致富记

实现人生的价值 123
　　——"下海"搞养殖

播洒甘甜富山乡 136
　　——科学养蜂能致富

勇立潮头前 156
　　——养奶牛致富记

穷则思变 170
　　——养七彩山鸡发财记

养蝎成"财"女 177
　　——她的养蝎发财记

特种养殖大王的致富历程 203
　　——养蛇致富记

他从贫困中走出来 224
　　——草原上的一颗养狗致富明星

"矮人张"不屈的创业路 233
　　——靠红薯致富的故事

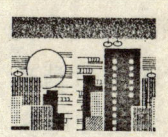

敢将荒山变乐园
——观光农业大有可为

新春时节,到四川省绵阳市涪城区丰谷镇工农村云盘山,就会见到漫山遍野桃花绯红,梨花雪白,樱桃、枇杷张开笑脸,名贵花木争相竞艳,那高低错落的亭式小草屋蜿蜒山间,熙来攘往的人流徜徉在这"世外桃源"。这就是农民周兴荣创办的"云盘山休闲观光园"。

1995年初,丰谷镇建设村二社的周兴荣冒着极大风险,一定30年承包了邻近的工农村二社云盘山8公顷荒山,兴建"云盘山良种果苗基地"。

云盘山土壤贫瘠,乱石嶙峋,没有水源,全山杂草丛生,显得十分荒凉。当人们听说周兴荣承包了这"屙屎不长蛆"的地方建果苗基地,很多人都为他捏了一把汗,担心他会血本无归。但是,"艺高人胆大"的周兴荣却信心十足,他认为,这里地处绵阳至三台的高等级公路旁,地理条件优越,又面对涪江,山水相依,自然风景具备,山顶上有村里建的二级提灌站,只要加以修复便可解决水源。至于土质是可以人工改造的。基于这样的可行性分析,再加之他已有10多年从事水果生产的经验和对事业的执著追求以及一心想帮助农民发展水果致富的愿望,便坚定了信心,开始了云盘山果苗基地的建设。为了节约资金,他动员妻子从老家搬来,动员女儿辞去在绵阳城里的工作,一起到云盘山帮助搞开发;带领从附近村、社请来的农民工修路、运石、除草、挖蓄水池、修排灌沟,并投入10多万元资金修复提灌站,引进良种果树苗木,大干不止。

经过三年的艰苦创业,云盘山彻底改变了模样,层层梯地绕山转,果树成行耸云端,梯地里果苗品种发展到100余种,并以优质反季节品种为主,果苗销售收入由几万元迅速增到50多万元。不仅为周边乡镇提供了大量优质果苗,而且远销遂宁、射洪、南充、剑阁、广元等10多个县(市),成为远近闻名的良种果苗基地。

2000年,周兴荣到成都郊区的龙泉驿参观学习后,把全部精力、财力转入对云盘山的综合开发,先后请市、区专家进行科学规划,借助云盘山已具有的观赏价值,投资50余万元,修建了一系列休闲观光设施,在绵阳市郊率先兴起了"农家乐"形式的"云盘山休闲观光园",并成功办了两届云盘山桃花节、品果会,吸引了大批城里人来此观光游玩,成了绵阳市近郊"农家乐"的一面旗帜。

近日,笔者采访周兴荣时,他高兴地说,几年辛苦不寻常,但最使我高兴的是,终于将昔日的荒山变成了花果山、游乐园,而且使常年在我这里务工的100多名农民工挣了钱,发了家,致了富,不仅受到了广大群众的欢迎,也得到了各级党委、政府的认可、支持。去年,我们对"云盘山休闲观光园"实施"上档升级"后,还被市、区有关部门评为了"星级农家乐"……

经营之道

别看周兴荣只是个具有初中文化的农民,但他勤学肯钻,善于接受新鲜事物。在他的"休闲观光园"里,除了"吃农家饭、住农家院、做农家活、观农家景"外,还有"读农家书(农业科技报刊)、看农家戏(自编自演文艺节目)、了解农耕文化(传统农耕形式及农事劳动)、野炊野餐、帐篷野营、篝火晚会等,形式多样,求新、求异,集纳了旅游观光、休闲娱乐、民风民俗、农业文化等几大功能。同时,在经营管理上努力塑造品牌。

一是坚持"一业为主,多种经营"。开始几年,周兴荣以生产、经营良种果苗为主,在山坡和地边种植果树,果树下养鸡、鸭,形成生态立体农业系统。自2000年后,转入以经营"休闲观光园"为主,兼营良种果树苗木,同时,还推行公司加农户的管理模式,采取请进来,送出去的方式,为乡亲们送技术、赊销苗木。每年春、秋两季以基地作示范办培训班,并招收一批回乡高初中毕业生到观光园学管理,择优录取留任管理人员,未被录取者回去后,遍地开花,形成了千家万户搞农业开发的好局面。

二是全力塑造品牌。周兴荣说,搞企业要争创品牌、名牌,搞农业也一样,品牌是形象,是代言人,是综合实力的体现。因此,在建果苗基地时,他除了引进适合当地种植的良种外,还选育出了自己的几个名优水果品种,如丰谷一号、二号无核蜜柚,极早熟葡萄一号等,以科技铸就品牌。兴建休闲观光园后,又以高质量打造品牌,塑造农业旅游形象;以高素质人才把握品牌(如引进或聘用管理人才,举办培训等);以文化丰富品牌。

三是突出文化品味。不少地方的"农家乐"就是唱茶打牌,观花尝果,吃农家饭,赏农家景,而周兴荣的休闲观光园除了这些外,还有果品陈列室、图书室、文艺表演、员工诗歌朗诵比赛和演讲、游戏活动等,在每年春季和秋季,举办观花会、品果会,用"办会经济"丰富文化生活。所以,来这里游玩的人无不夸道:置身于优美的环境,使人感到农业文化的奇趣性。"花艳果甜,菜香酒美,饭好菜鲜,实惠价廉,内涵丰富,高尚娱乐。"这是不少城里人在"云盘山休闲观光园"休闲度假留下的印象。

上档升级

近年来,在都市郊区兴起了一股以"农家乐"为主的农业旅游热潮,这是现代化农业的发展和人们现代生活方式转变的客观要求和迫切需要,也是转变农业经济增长方式的重要领域。但其总体水平不高,特色不明,有的卫生条件和服务都较差,甚至成为赌博的场所。如何引导农家乐上档升级,塑农业旅游形象,已显得非常必要。只有让过去粗放型的农家乐更

具规模、更上档次、更有品味,才能有更强的吸引力和生命力。

四川绵阳市涪城区在打造"星级"农家乐中,有许多经验可供借鉴:

其一,由旅游局牵头统一免费办理必须具备的相关证照;除税务部门收取定额税外,各有关职能部门收取的有关费按低限减半收取;金融机构予以必要的资金贷款支持;建委、国土部门在建设、规划和土地使用上尽可能简化手续,快速办理,并出资设计图纸,给农民在新建农家乐时提供参考。

其二,突出文化与科技特色。在科技上,建设自控玻璃温室,运用高科技手段进行工厂化蔬菜种植,生产绿色蔬菜,引起市民好奇,自发前来观光。并在连片的农家乐区,设立农史馆、园林示范区、中国式高科技无地栽培农业新品种展示等,给游人增加科技兴农、科技兴林知识。

其三,讲求传统与现代相结合的二元特性。传统的牛拉犁、水推磨、踩水车、石舂米、家织布等与现代的栽秧不用插、点灯不用油(沼气)养蚕不用簇(纸板方格)等有机结合,共同构筑起协调一致的观光农业的文化内涵体系,互补开发,这对于城市居民和热衷于中国农耕文化的外国游人,都有不小的吸引力。

其四,让游客参与农事活动,进行实际操作。不少农家乐除有"自摘果园"外,还增添有"插秧割稻"、"种花实习"、"果树嫁接"、"识花认果"等内容,让游人亲身劳作,对城市居民,尤其是青少年有吸引力。农家乐发展到这一阶段,已不再限于观光和"吃农家饭"和购物了。

其五,培养人才,搞好服务,从"软件"上,通过各种途径吸引人才和利用办培训班形式培养一批经营管理人员和科技、维修等专业技术人员;从"硬件"上,建立和完善基础设施,搞好"六大要素"即吃、住、行、游、购、娱的配套建设,改变仅供观光的单一性,作好参与、度假、耕作以及旅游纪念品开发等的全套服务工作。

周兴荣的"云盘山休闲观光园"之所以办得有声有色,长盛不衰,形成"消费井喷",除了他的开拓精神、与时俱进外,就是各级各部门的支持,为其创造了良好的外部环境。愿各地的农家乐都能成"星级",在观光农业中担纲主角。

种养结合致富路

"生命在于奋斗,为自己的理想而奋斗"。这是许多有志之士的座右铭。漫漫人生路,对于年轻人来说,走入社会只是踏上人生路的开端,怎样走完以后的历程呢?平平淡淡、庸庸碌碌地过完一生吗?我们所应该做的是珍惜每一寸光阴,充分体现自己的人生价值,让生命折射出绚丽的光泽。

黄勇,一位普普通通、执著进取的农村青年。他为了实现自己的理想,不断地追求着、奋斗着,曾有过失意,经历过失败。在哪里跌倒就应该在哪里爬起来,彩虹总是出现在风雨之后。光阴似箭,日月如梭,黄勇成功了,凭着他执著的精神,成了当地有名的小康致富能手。

黄勇出生于四川省绵阳市涪城区一个贫苦的农民家庭。当时的杨家镇阳寺村是一个贫穷、落后的小村,许多村民连饭都吃不饱,富裕对于他们来说,就像水中的月亮,可望而不可即。由于家境贫寒,黄勇初中毕业没能考上高中,便留在家中务农,成了一名地地道道的农民。阳寺村全村的农民依靠传统农业技术种着粮食作物。一家人百般劳累,一年出头除了上交给国家、集体的税粮外,家中剩下的粮食仅够全家人的口粮。而黄勇却还有两个弟弟在读书,需要交学费和生活费,家里也需要改善一下生活。

1986年秋天,黄勇到江油龙凤镇的葡萄研究协会学习葡萄栽培管理技术。学完后,他没有马上回家,而是跟着协会的一个理事和熊廷龙一起到沉沉去看那里的葡萄种植,同时也向当地的果农学习种植技术,不断地丰富自己的知识。技术学到后,1987年6月我便在家中开始实践自己所学的知识,在房前屋后试种了300多株葡萄。但由于技术不过关。1988年未能投产,村里许多人见了便闲言闲语:"看他瞎折腾些啥,这破藤还能结金子吗?"家里人也劝我说:"咱就这穷命,土圪垯里还能抱啥金娃娃?算了,孩子,还是老老实实地种祖宗留下的地吧!"面对失败和周围人蔑视的眼光,黄勇心里很矛盾,差点打了"退堂鼓"。

1988年秋,他外出求教,学得十分专心,经过努力终于学到了一整套葡萄种植管理技术。种葡萄的每一个环节,每一个细节,从肥水的保证到抹芽、去梢、枝条修剪、保花、保果、疏花、疏果再到防病治虫。苍天不负苦心人1989年,葡萄终于结果了,长势喜人,当年,仅种葡萄一项黄勇便获纯收入2000元。周围的流言绯语没有了,乡亲们对我也刮目相看了。许多村民想跟我学种葡萄,于是我便毫无保留地介绍经验,热情地给他们作技术指导。在其后的5年里,我的纯收入达到每年4000元。

1993年,葡萄又获丰收。正当欣喜之余,意外的事却发生了。当时镇上种葡萄的人也多了,我们又都在葡萄过熟期采收,再加之杨家镇交通不便,信息闭塞,所以价钱不如从前。熟了的果实摘下来当天不处理完的,第二天便裂口烂掉。看着一家人的辛劳成果转眼间一文不值,黄勇苦苦思索着,终于悟出了一个道理:没有全面技术是不行的!没有科技永远也致不了富!

偶然的一次机会,黄勇看到柑橘和柚子果实大,味道正,颜色好,耐贮存和运输。刹那间,眼前出现了我家小果园的光明前景,心中滋生了一个新的计划。

当时,虽然村内外出打工挣大钱的人也有,挣小钱的也多,但黄勇坚信土地是个聚宝盆,关键在于你如何去挖掘它。1996年,他承包了0.2公顷,将1995年育的枳壳苗600余株栽到果园内以嫁接良种柚。通过学习,开阔了视野,更新了观念,以市场为导向,不断引进优良品种。1997年开始,他又陆续引进福建官溪蜜柚、漳州柚、中江长安柚、垫江的红心柚、白心柚、美国强德勒红心柚、长寿沙田柚等品种共500余株。1998年,在党委、团委的支持下,黄勇又承包了一口0.6公顷的鱼塘,并计划将果园和鱼塘合起来再养些鸡、鸭、猪,建成一个综合种养小区,做到立体养殖。

在各方面力量的支持下,黄勇将0.2公顷果园对调到鱼塘周围,同时扩大到0.4公顷,投资2万元将新购果苗及原有的果苗果树全部移植到各个果园中。2000年春天,开始在鱼塘上建能养猪10~20头的猪舍,猪粪养鱼,塘泥肥园,综合循环利用。综合利用的种养小区能节约资金5000元左右,同时

也节省了大量的劳动力。待全部果树挂果,鱼塘采取精养,提高产量,加上养猪可望获利 5 万元。

红心柚的栽培

强德勒红心柚,是从 1979 年美国赠送给北京农业大学的 19 个柚品种中选出的一个杂交品种,在南方一般 10 月成熟上市,从中国农科院柑橘研究所购回接穗嫁接繁殖栽培。其优质丰产栽培技术如下:

一、柚园土、肥、水管理

(一)土壤深翻

深翻改土的时间,一般在根系生长高峰之前进行,以秋季 9~10 月为宜。深翻时如伤断较大的粗根,应将断根剪平,以利发新根。深翻的深度为 80~100 厘米,可逐年隔行进行深翻。每株深翻时结合施农家肥 20 千克,绿肥杂草 40 千克,过磷酸钙 0.5 千克。埋肥时,肥料与土壤充分混合,表土放底层,底土放表层,最后覆土高出地面约 10 厘米,以免积水。

(二)柚园间作

幼龄柚园和未封行的成年柚园进行园地行间间作,增加土壤有机质,培肥地力,在早期柚园尚未投产或产量较低时,还可以短养长,增加经济效益。

间作物应不与柚树争肥争水,不影响柚的生长发育。生产上柚园间作忌种向日葵、玉米、高粱、小麦等稿秆作物;也不宜间作深根作物及藤本作物,以及与柚有共同病虫害的作物。间作物可选种蔬菜及豆科绿肥,如肥田萝卜、蚕豆、紫花苜蓿等。间作物以逐年轮作为宜,并随柚树长大,逐年缩小间作面积。

具体做法是:8~9月施基肥后,待园内新的杂草长至10厘米左右时,每667平方米撒苜蓿草种子1.5千克。由于杂草的遮荫保湿作用,苜蓿草很快萌发生长,这是旱地种植苜蓿草的关键。冬季杂草枯死,又为苜蓿草起防寒作用。开春后,苜蓿草迅速生长,覆盖园地而杂草不能繁生。4月中下旬苜蓿草结荚时,把苜蓿草拔起盖在树盘上,在其上点播豇豆。到6月下旬,豇豆又以苜蓿草为依托,覆盖全园,防旱保湿,土温不易升高。8~9月扩盘改土时,将两季绿肥、鲜藤蔓分层填入扩盘改土沟内。待新的杂草长至10厘米左右时,又撒播苜蓿草种子。

(三)柚园覆盖

坡地柚园常有春旱、夏旱和伏旱。特别在夏秋季高温伏旱季节,土壤温度高,干旱严重,根系生长停止,甚至因高温干旱;根系灼伤枯死。用秸秆、杂草覆盖柚园,具有降低土温,保持水分,防止冲刷,减少裂果的作用。冬春季覆盖可防止雨水冲刷和水土流失,提高地表温度,有利于柚根系和柚树的生长发育。柚园覆盖还可防止杂草繁生,增加土壤有机质,改善柚园微气候环境,有利于根际微生物活动,提高土壤肥力。所以,柚园覆盖是栽培中最为行之有效的措施之一。

覆盖有全园覆盖或树盘覆盖,以全园覆盖效果最佳。覆盖厚度需保持在 20 厘米以上,注意树干亮开,不埋住根颈。如能在覆盖物上再盖上一层细泥土,保水抗旱的效果更加显著。在采果前后,再将覆盖物翻入土中。

(四)施肥

1. **肥料种类**

(1)有机肥

①人畜肥　含氮、钾较高,磷较少,可作基肥和追肥。施用前最好先堆积腐熟,不宜与草木灰混用。

②饼肥　主要有菜籽饼、棉籽饼、桐枯等。含氮较高,磷、钾次之。用作基肥,最好加畜粪沤泡后施用。

③堆肥　作物稿秆、垃圾、草皮土以及家畜圈的垫草和土,经密闭高温堆腐而成。堆肥经充分腐熟后作基肥施用。

(2)无机化学肥料　常用化学肥料有尿素、碳酸氢铵、硫酸铵、氯化铵、过磷酸钙、钙镁磷肥、硫酸钾、氯化钾、磷酸二氢钾等。此外,还有微量元素肥料如硫酸锌、硫酸锰、硫酸亚铁、钼酸铵等。硫铵、钙镁磷肥呈碱性,在 pH 值高的碱性土壤中易加剧柚失绿黄化,应少用或不用。无机化肥常作追肥施用。

(3)复合肥　指含有合理比例的氮、磷、钾以及多种微量

元素的复合肥料。复合肥作基肥、追肥施用效果皆好。

（4）稀土肥　稀土是镧系元素，商品肥硝酸稀土可使果实提早成熟，增糖减酸，皮薄而光滑，提高果实综合品质。

2. 施肥时期

（1）幼龄柚树施肥期，幼龄柚树的施肥主要是培养强大的根群，促进营养生长，及早形成树冠，早结丰产。施肥以氮为主，适当配合磷、钾肥。幼龄柚树掌握薄肥勤施的原则。

幼龄柚树施肥期，一般在每次新梢抽发前施促梢肥。从萌芽到8月底，每隔20天左右施一次速效性粪水。随树龄增加，用量逐渐增加，每次每株施人畜粪由5千克增至50千克，化肥由0.2千克增至1.25千克，绿肥由2.5千克增至25千克。秋梢叶片转绿后，控制氮肥施用量，增加磷、钾肥，施一次壮梢肥。全年施肥9~12次。有机肥需经腐熟后施用。

（2）结果树施肥期　进入结果后，加强秋季基肥和壮果肥的施入。结果树主要施肥期为：

①萌芽肥　早春萌芽前一个月施入，促使春梢整齐健壮。萌芽肥占全年施肥量的20%，以速效氮肥为主，配合磷、钾肥。初结果树较成年结果树适当少施氮肥，以免春梢生长过旺，夏梢早抽，降低着果率。

②保果肥　在春梢停止生长，第二次生理落果前的4月下旬~5月上旬，施保果肥，补充春梢萌芽生长、开花、坐果消耗的大量养分。施肥量占全年总量的15%，以腐熟的农家肥，配合含磷、钾较多的速效肥。初结果树以及果少势旺的

树,这次施肥量可适当减轻。

③壮果肥　定果后,果实迅速膨大的7~8月施壮果肥,促进果实膨大,促发早秋梢和花芽分化。施肥量占全年总量的15%~20%,重施腐熟的农家肥,增施磷肥、钾肥。刚进入盛果期的树,此次施肥量可适当加重。磷、钾肥除土壤施用外;还可用0.2%的磷酸二氢钾溶液叶面喷施,每15天一次,连续喷2~3次。

④采果肥　采果肥在秋季采果前10月份结合基肥施下,早熟柚可在采果后施。促进恢复树势,护根防寒,增加树体养分积累,促进花芽分化和次年萌芽开花。采果肥既是当年生长补肥,又是次年生长基肥。此次肥应重施、深施,以有机肥为主,结合过磷酸钙、骨粉、氯化钾,适当控制氮肥的用量。施肥量占全年总量的40%~50%。特别对结果偏多、负担过重的树更应重施。

3. 施用量

影响柚树施肥量的因素很多,施肥量应通过看天、看地、看树加以确定。

(1)幼年树施肥量　幼年树施肥量按一年生树每株施氮肥100克,二三年生树每株施纯氮肥150克,磷、钾为氮的70%。生产上1~3年生的幼树每年每株施:尿素0.5~2千克,人畜粪水40~75千克。即可满足其生长发育的需要。

(2)成年树施肥量　实际生产上每产50千克柚应施尿素1~1.5千克,过磷酸钙4~6.3千克,硫酸钾或氯化

1.5~2千克。若施人粪尿,每生产1千克柚要补充未对水的人粪尿4~6千克。

4. 施肥方法

(1)根际施肥(土壤施肥) 根际施肥应尽量施在整个吸收根分布上层中。实践中,在树冠滴水线下内外两侧挖施肥沟或施肥槽。施肥沟或施肥槽的位置逐年轮换方位。追施速效肥料,开挖10~15厘米深的浅沟施入;施基肥、迟效性厩肥、杂草、绿肥,需开50厘米深的沟深施。

人畜粪尿最好经过50~60天堆沤或在粪池中充分腐熟后施用,以免伤根。施时按10%~20%的浓度加水施用,也可按1:10比例将干农家肥与土混匀施在施肥穴或施肥沟中。

饼肥必须沤制50天以上充分腐熟才能施用,绿肥深翻压埋时分2~3层埋下,以每立方米的沟压50千克鲜草绿肥。

无机化肥施用时,结合灌水施入10~15厘米深的施肥沟中,效果比干施更好。

(2)根外追肥 根外追肥即通过叶面喷施的方法,使叶片迅速地吸收各种肥料成分。在花芽生理分化期,开花、幼果迅速生长以及果实迅速膨大期,使用根外追肥作土壤施用的补充。特别对土壤施肥易被固定的微量元素,用根外追肥的办法矫正柚园常出现的微量元素缺素症。

生产上常在花期叶面喷施0.1%~0.2%硼酸或硼砂,0.2%尿素促进授粉受精;第一次生理落果后每隔7~10天,连喷3~4次0.3%尿素+0.2%~0.4%磷酸二氢钾或0.2%

~0.3%高效复合肥促进幼果生长,提高坐果率;花后90天是叶面喷磷的最佳时期,喷0.5%过磷酸钙过滤液促进果实膨大。

根据缺素症,叶面喷用微量元素矫正缺铁、缺锌、缺硼等。根外追肥宜在晴天早晨露水干后及下午4时后进行。柚叶片叶背上的气孔密度大,喷布时注意喷叶背面,更有利于肥分的吸收。另外,根外喷布尿素会增加红蜘蛛的虫口密度;应用环烷酸锌也会导致叶片含磷量减少;过量地喷施铜、锌、锰也会诱发缺锌症,应用时应注意适当使用。

(五)柚园水分管理

柚枝、叶、根中含水量占50%~60%,果实含水量更高占80%~90%,嫩枝、嫩叶等幼嫩组织含水量可达90%以上,可见水分对柚生长发育影响极大。

生产上春梢萌发期,常有春旱发生,往往使春梢迟发,数量少且生长短小纤弱。但如果土壤水分过多,又使新梢旺长,使花蕾发育不良,甚至出现早期落蕾。花期和幼果期是需水最迫切的时期,花期缺水,花质差,开花不整齐,花期长,甚至大量落蕾落花,产量下降。果实发育期如果缺水,不但无水供应果实发育,而且还会使果实中的水分倒流向叶片,使产量和品质都严重下降。在坐果至幼果径2.5厘米左右时,应保持田间持水量在65%以上,干旱或骤雨后都易引起幼果脱落。果实迅速膨大期是柚需水的又一关键时期,此时如果缺水,果实不能正常膨大。秋末果实进入成熟期,适度干燥有利于果实品质和耐贮性的提高,但过分干旱或干旱后暴雨也会影响品质或大量裂果。在冬季温度低的地方,寒潮来临前充分灌水,可减轻低温危害。

柚根系喜湿忌涝,如果土壤积水,土壤氧气含量低于4%,根系不发新根,氧气1.5%以下即出现烂根。因此,除适时灌水外,柚园还应注意排水。

一般生产1克干物质需吸水300毫升,如果以叶片蒸腾和地面蒸腾共计蒸发量,生产1克干物质需300克水。按年降雨1000~1200毫米,50%左右被柚根系吸收,则每株年尚需补充灌溉1立方米左右的水。

1. 灌水时期

(1)春季萌芽前灌水 促春梢萌芽整齐,保证开花质量。特别是当春季久晴不雨,出现春旱时,在萌芽前灌一次透水。

(2)花后灌水 花后半月是需水临界期,缺水则枝叶发育不良,幼果大量脱落。花后结合施肥,灌水有利枝叶发育和坐果。

(3)果实迅速膨大期灌水 果实迅速膨大,正值高温伏旱期,早秋梢抽发也需及时补充水分。此期应特别注意灌水。

(4)采收期灌水 采果后,叶片略感萎蔫,而且树体进入树势恢复和贮藏营养积累阶段,应结合采果肥,灌一次水,提高贮藏养分。

(5)封冻期灌水 低温来临前,灌一次防寒水,保护柚树安全越冬。

柚园灌水时期除按上述柚树生长发育各阶段的需水特点确定灌水外,还应随时根据气候、土壤的实际情况,树体水分的亏缺状况进行灌水。不少地方以叶片出现萎蔫或果实皱缩作为灌水指标,这是不科学的。实际上在叶片出现萎蔫之前,树体内生理代谢已受影响,果实内部细胞结构已遭破坏。科学的方法是根据叶片缺水的临界水势,或测定柚树叶片的蒸腾速度以及土壤水势来确定灌水指标。实践中可以用测定土壤含水量来确定是否需要灌水、排水。

土壤含水量测定采用烘干法。即在土壤中吸收根集中分布层取土样,迅速装入铝盒中、加盖,连同铝盒称重后放入烘箱,在105℃烘干4~8小时,取出冷却后称重,再放入烘箱中烘2~3小时,一直烘到前后两次重量相等时为止。也可将湿土同铝盒称重后,倒入少量酒精,烧干土壤,烧到前后两次重量相等时为止。

2. 灌水方式

灌水的方式有沟灌、喷灌和滴灌。生产上大多数柚园利用自然水源或水泵提水,用柚园中的灌溉渠道引水灌溉,采用穴灌的方法,把水输送到深层根际范围内,加快根系吸水,减少蒸发损耗。一般在树冠滴水线内侧,根据树体大小,挖2~4个30~40厘米见方的洞穴,穴深20~40厘米,穴内放厩肥、垃圾并塞满绿肥、杂草,在穴内浇水,每次每株成年树浇水150~250升,在干旱严重时节,防旱效果很好。以后施肥也

可施入穴内。每1~2年轮换位置挖灌水穴。

有条件时,可施行滴灌和喷灌,既省力,又节约用水,提高灌水的效益。这是现代节水灌溉和肥水一体化的发展方向。

3. 柚园土壤灌水量

一次灌溉用水量要求灌溉后柚树根系分布范围内土壤湿度达到柚树生长发育最适宜的程度。计算灌水量最常用的方法是:灌水量=灌水面积×土壤浸湿深度×土壤容重×(田间持水量-灌溉前土壤湿度)。如667平方米成年柚园,要使1米深土壤达到最大田间持水量,测得该土壤的田间持水量为25%,土壤容重为1.25,灌前根系分布层土壤湿度为15%,则灌水量=667平方米×1米×1.25×(0.25-0.15)=83.33吨。这是理论数值,实际中还应根据树体状况、生长发育阶段需水特点和气候而定。一般幼龄柚树灌水宜量少、次多,成年柚树每次每株灌水200~300千克,以湿润根系分布层土壤为宜。

(六)柚园土壤排水

柚园水分过多,土壤通气不好,妨碍土壤中微生物的活动和根系吸水。若柚园积水时间过长容易发生烂根,加剧落果,烂根后树势不易恢复,果实增大缓慢,对产量影响很大。在夏季暴雨出现时,及秋雨较多的时节,要注意柚园排水。冬季应整修好排水沟,以保证雨量较多时柚园不积水。

二、柚树整形修剪

(一)整形

1. 丰产树形要求

柚树早结高产树冠的结构要求是:树冠呈开心波浪式圆头形或开心半圆形,主干高30~60厘米,主枝与主干延长线呈40~50度角,而且分布均匀。树形适度开张,树冠外围末级枝梢有足够生长量,疏落有致,而无明显徒长枝梢群,树高与树冠直径比接近1。内膛充实,枝条(春梢)多而健壮,且通风透光良好,叶多而厚,叶色浓绿。

2. 常用丰产树形及整形要点

(1)开心主枝半圆形 春季萌芽前,留干高30~70厘米定干,待发梢后选3个生长均匀的主枝,其余摘心控制或去除。第一主枝距地面30厘米,各主枝在主干上均匀分布。如分布方位不够均匀,偏于一边生长时,可用塑料带将偏于一边的主枝拉向空缺的方位并使之固定下来,使空缺得以补充;主枝直立向上,分枝角度过小,用塑料带向下拉开,扩张成与主干延长线呈50度左右角。到了夏秋季,仍留各主枝先端所抽夏秋梢,使其尽量延长。

第二年春萌发前,对上年所留主枝适当短截,待发春梢后留先端者作主枝延长枝,其余选留先端者作主枝延长枝,每主枝上均匀分布2~3个侧主枝,夏梢和秋梢先端为扩大树形所必要的延长枝,其余控制生长,以集中养分于所选留的主枝、副主枝,则主枝可充实发育。

第三、四年渐入结果,力求继续扩大树冠,并随主枝的延长,继续培养副主枝,以利用主枝间的空间,在春、夏、秋三季适时抹芽,"去零留整,去早留齐",使树体抽梢整齐,提高春梢、秋梢质量,适当控制夏梢,注意各级骨干枝之间的平衡,这样到三、四年基本定型。

(2)二层五主枝形　主枝5个,分二层着生,第一层3主枝,每主枝上留2个副主枝。这种树形枝条多,上下通风透光。整形要点为:定植后当年留70厘米短切定干,干高40厘米,留30厘米整形带。定干后当年剪口下选留均匀伸向三方的3个主枝。主枝上留2个副主枝,副主枝在主枝两侧均匀分布。副主枝自然长放,结果后回缩。

当第一层3个主枝确定后,利用直立位置较好的一枝让其向上生长,当长到40~60厘米时短截,待发枝后,按其方向和长势选留上下互不重叠的第4,第5主枝。当第4、第5主枝长至40~50厘米时短截,其上各选留2个副主枝。其余枝梢在不影响骨干枝生长前提下,尽量保留。这样到3~4年基本定型。

(二)修剪

红心柚的结果母枝和结果部位与其他柑橘类有所不同。它的修剪要求,一方面树冠内膛要多促发春梢,充实树冠内部空间,并且力求阳光照入树冠内部,使内膛枝充分积累养分,培养多而壮的结果母枝;另一方又要使树冠外围的枝梢有足够的生长量,分布疏落有致,叶片有良好的光合作用能力,才能为整个树冠的生长结果提供充足的光合产物。

1. 幼年柚树的修剪

幼年柚树分枝角度不开张,生长旺,营养生长过大,发枝少。修剪重点解决:开张角度,缓和树势。修剪宜轻不宜重。

幼年树前五年只剪病枝、干枯枝和晚秋梢。短截过长夏梢,缓和树势,增加分枝,扩大树冠;适当疏剪树冠外围过密枝条。

加强生长季抹芽放梢,抹除零星萌芽、促使整齐抽梢,提高各次梢的质量。用撑枝、拉枝的办法加大主枝分枝角度。对个别旺枝,在9月环割,缓和生长势、促进着果。

幼年树主枝基部、近主枝的主干上春季萌芽,在树冠内膛、下部抽长短枝,这些弱枝往往可能成为初结果树的结果母枝,修剪时注意保留,着生位置太低的枝,待其结果后再剪去。

对扰乱树形的徒长枝应去除,如徒长枝所处位置正是树冠空缺,则通过拉枝削弱长势,或反复摘心,促分枝以填补空缺。

2. 初结果树的修剪

对初结果树,既要求一定的产量,又要继续扩大树冠,修剪以晚秋、初冬为主,春季为辅,培养短壮春梢,控制夏梢,促发健壮秋梢,掌握上重下轻,外重内轻的原则。

对徒长性春梢,因与花和幼果争夺养分,在春梢自剪前抹除树冠中上部外围的徒长性春梢,幼果期5~6月抹去夏梢,在夏梢3~8厘米时,每3~5天抹去夏芽一次,直至果实横径5~8厘米,基本定果时止。放秋梢前20天仍抹去抽发的夏梢,促使秋梢整齐。

谢花后,对树冠中上部外围徒长性春梢,适当疏剪,剪口枝直径控制在1~1.5厘米,在枝梢过密处开2~3个小天窗,以利阳光照入内膛,保证幼果发育。

初冬秋梢老熟后,疏剪树冠中上部外围的直立枝组,去徒长枝,留长势中等的平、斜生枝,对密生的枝群,疏去长势特别强的,枝径1.5~2.5厘米的直立粗枝,开1~3个天窗,改善内膛光照条件,由此形成主枝分布合理,壮春梢多,外围枝壮,分布疏落有致的波浪形树冠。

3. 成年柚树修剪

成年柚树营养生长和生殖生长趋于平衡。进入盛果期后逐渐向生殖生长占优势的趋向转变,表现枝叶生长逐渐减少,成花量大,但大小年结果开始突出。修剪上注意调节生殖生长和营养生长的平衡,既要保持适当挂果量,又要有适量新梢生长,形成大量结果母枝,并保持一定的叶果比,从而克服大小年结果,获取高产、稳产。修剪掌握以轻为主、轻重结合,以疏为主、短缩为辅,冬夏修剪结合的原则。

冬季疏剪枯枝,病虫枝及顶部外围密弱枝,对扰乱树形的徒长枝及交叉重叠枝应疏除,全部疏去晚秋梢。对衰弱但不密生的一年生枝适当短截,以增强树势;对过长的夏秋梢可适当短截1/3促分枝;着生在树冠空缺处的徒长枝短截1/3～1/2,培养成结果母枝。对树冠顶部过高的直立枝回缩修剪,落头开心;对树冠中上部较大的衰退枝组,在枝径1.5～2厘米的地方,留下15～20厘米枝桩,回缩修剪,既减少次年部分花量,又促使剪口下抽发健壮春梢营养枝群,调节生殖生长、营养生长平衡,开天窗,复壮树势。

成年柚树修剪注意顶部稍重、下面宜轻,外围稍重、内膛宜轻。对树冠内膛短弱的无叶春梢、多年生枝要注意保留。

三、柚园树体管理

(一)树体保护

对受低等植物如苔藓类寄生的枝干用清水或硫酸亚铁洗刷以清洁树体。树皮粗糙开裂的可在休眠期刮去开裂的皮层集中烧毁,可消灭其中的越冬害虫。

有霜冻和日灼的地方,用涂白剂涂白树干和大枝与主干交叉处。涂白剂配方可用水10份,生石灰3份,石硫合剂原液0.5份,油脂少许或石硫合剂沉淀加石灰进行配制。

对结果过多的骨干枝应撑枝或吊枝,以防骨干枝折断,并可改善因枝条下压而恶化的光照条件。

对受流胶或其他病虫、机械损伤的树干皮部,用利刀刮去腐烂部分,用1%～2%硫酸铜溶液消毒后,涂上保护剂。保护剂可用粘土1份加牛粪1份或牛粪14份,熟石灰8份,草木灰8份,河沙1份混合配制而成。

(二)促进花芽分化

1. 环割促花

在柚树的生理分化时期,对柚树进行环割皮部,可使环割口以上叶片生产的营养物质下运受阻,增加碳水化合物的富集,有利于花芽分化。环割的最好时期为9月中、下旬,割早了无作用,割迟了既不能成花,又不利于伤口愈合,并且易造成严重落叶。

柚树易流胶,树脂病,炭疽病也易发生。环割一般在非骨干枝上进行,有时对迟迟不试花的幼旺树,在主枝上环割,但一般不环割主干,以免流胶和感染炭疽病。环割程度依树长势而定,对旺枝割1～2圈,特旺枝割2～3圈,割的深度以割断皮部,不伤木质部为度。割前最好用75%酒精对环割刀具做消毒处理。

2. 断根促花

对生长过旺、适龄不开花的柚树,在花芽生理分化期,结合深施采果肥在树冠滴水线根系密集的地方,切断部分粗根,一般断根量不超过根总量的10%,可短期减少水分的吸收,提高枝芽细胞液浓度,有利于花芽分化。

(三)人工辅助授粉

新栽的柚园,需按10%的比例配置授粉品种,无授粉树的柚园,可采用多头高接的办法,高接授粉品种枝条。

人工采摘花粉,辅助授粉的方法是,在柚树大部分花的花瓣开成十字形时,选晴朗的天气,把授粉树即将开放的花摘下来,除去花瓣和雌蕊,直接给柚花授粉,或将花粉收集在玻璃皿内或纸袋内,待花药散粉后,上午8~10时或下午3~4时选择发育健全的柚花朵授粉,用毛笔把花粉轻轻点在柚花的柱头上,注意不要损伤花朵。

此外,也可配制花粉液进行授粉,方法是授粉树花粉0.5%、加0.1%硼砂、0.2%尿素,0.3%红糖,98%清水,混合后用小喷雾器喷洒在柚花的柱头上。连续喷2~3次。如遇低温花药不能散出花粉时,可用盆盛35~40℃温水,用碗盛授粉用花药,放入温热水盆中,盖上干毛巾,经过一段时间,花药可开裂,散出花粉。

每株柚以授400~500朵为宜,选花序中部的大花朵进行授粉。花粉随采随授。如果一时用不完,可保存在27~28℃恒温干燥箱内,或干燥条件下纸上摊开保存,不能密封。贮存时间不宜过长,以5天之内为度。

(四)疏花疏果

柚树花量大,较其他柑橘类果树而言,柚畸形败育花多。通过疏花,可减少树体养分无效消耗,有利于保留下来的花果发育,提高授粉能力和坐果率。

疏花宜早不宜迟,早疏有利于晚春梢抽生,增大叶面积,调节养分供求平衡,提高坐果率。对成年树,上年冬季修剪时,通过修剪疏删部分树顶部和外围纤弱枝,有利于提高坐果率。3~4月初,柚现蕾期,对一个结果母枝上抽生的多个花穗者,疏去结果母枝头部和尾部花穗,只留中部1~2穗健壮的花穗。疏花穗后10天左右,在花蕾露白时,疏去每个花序顶部和基部的花蕾,选留中间2~3朵健壮的花蕾。

(五)环割保果

春季对树势强健、枝梢徒长的幼旺树和初结果树,环割以缓和枝梢过旺的生长势,有利于其上幼果的发育。环割保果一般于谢花后10天左右,在结果母枝上进行。花少的柚树,在花谢2/3时,环割结果母枝,保果效果更佳。此次环割程度比环割促花要轻,环割圈数宜少,且不把皮部全部环割断,留下0.3~0.5厘米的皮部不割。采用环割保果,注意只能对生长势强的幼旺树,对盛果期的树少用环割。且不能年年进行。程度要掌握适当,过重会削弱树势,影响以后产量。

除环割外,还可用环扎保果,具体做法是3月中下旬,花蕾露白时,对幼旺树选用14~15号铁丝,在主枝上环扎一圈,在定果后的5月下旬至6月上旬解扎。如果扎得太深,就会影响春梢正常转绿,因此要注意提前解扎。

(六)生长调节剂保果

激动素BA防止第一次生理落果效果明显,花谢后10天,当果长至1~2.0厘米时,用250×10^{-6}GA+250×10^{-6}BA涂幼果可减少第一次生理落果。

第二次生理落果前用 $20×10^{-6}$ GA ~ $50×10^{-6}$ GA 喷树冠 12 次,重点喷果实,保果效果好。

发展前景

黄勇栽培强德勒红心柚的成功,关键在于肯学习、肯钻研,探索出了一整套丰产栽培技术,很有实用价值和推广价值。

柚是我国传统名特产品,栽培历史悠久,品种资源丰富,适栽地域广泛,其品种多达 180 多个,如有名的沙田柚、玉环柚、官溪蜜柚、晚白柚、脆香甜柚、五布红心柚、葡萄柚、梁平柚、漳州柚等等。但不少品种严重退化,且裂果问题难以解决。而强德勒红心柚树势生长旺盛,进入结果期早,丰产性强,1~2 年生枝均能结果,果实内外分布均匀,无裂果现象,果实倒卵形至球形,果皮光滑、皮薄、成熟时黄色,单果重 1~1.5 千克,大者 2 千克,外观好;果肉微红色、汁液多、细嫩化渣、甜酸适度,风味较浓,口感好,是目前柚类中稀有的高抗柚类衰退病毒的品种。

在我国南方以及长江流域各省,凡年均温 8~18℃,年降水量 700~1200 毫米,土质酸性地区均可栽培,并能获得丰产。生苗一般种后次年试花,第三年即有产量,单株平均挂果 5~8 个,可收入 20~32 元,每 667 平方米按 40 株计算,收入可达 800~1200 元,随着树龄增加,每 667 平方米产量上升,

一般收入2000元以上。按目前苗价每株5元,每667平方米投入苗木费200元,再加入肥料、农药、劳力等投入,一般每667平方米总投入约800元,除去投入,三年时每667平方米收入也在1000元左右。

但发展时,一要注意适当规模,实行产业化生产;二要抓好肥水管理、整形修剪,以实现高产优质;三要搞好采后洗果、分级、包装;四要开发贮藏新技术。在生产发展、经营管理上,建立起产供销一体化的运行机制和经营模式,使之成为高效益、可持续发展的地方经济骨干产业。

巾帼笑傲华蓥山
靠种植业致富的奇迹

1999年底,欧阳晓玲从邓小平故乡走进京城,走上第四届全国十大杰出青年农民的领奖台,捧上了中国农民的最高荣誉奖杯。

年轻的欧阳晓玲,原在永川市箕山林场工作。在短短3年多时间,她连续开垦的14座荒坡薄地,建起的面积达133.4公顷、集果园、花木、养殖、科研为一体的川东最大的农业产业化基地,带领当地4个村的1000多户农民致了富。她常年跋涉于山水之间,穿行于森林大地的她,曾多次受到单位表彰。先后担任过森保股长、森林调查大队队长、林业站站长等职务。同时,她一边勤奋工作,一边凭着自己的毅力和智慧,利用业余时间坚持自学,用一年多时间自修完北京林学院的林学专业全套课程。并自费到湘、鄂、鲁、陕等省农林科研所学习果树栽培新技术,在学习考察期间,她亲眼目睹了外地荒坡瘠地开发成经果林、穷山沟变成富裕村、农民们找到了致富路的现实。想到村民们因缺乏科技而广种薄收,大量荒坡瘠地荒山没有得到充分合理的开发利用而被闲置荒芜,父老乡亲们依旧脸朝黄土背朝天,仍然走着传统农业老路,守着金山过穷日子。这种强烈的反差着实对她触动不小,也带给了她长长的思考。

"农村太需要科技和良种,我作为一名受国家教育培养多年的农林科技人员,有责任和义务将所学到的知识用于发展农村生产力,为农村脱贫致富找路子"。欧阳晓玲如是说。

骨子里充满了开拓进取,永不满足的欧阳晓玲,终于萌发了要闯一片天地,敢做拓荒人,带领村民致富奔小康的强烈愿望。1984年初春,她毅然辞职走出机关,自筹资金创办了四川省第一家民营林业园艺科技企业——永川市园艺植物研究所,从事果树良种的引种繁育和配套栽培技术研究、技术服务和技术承包。研究所办得红红火火,深受农民欢迎。

1995年冬,欧阳晓玲把自己的园艺植物研究所搬到了广安县代市镇农场,进行黄花梨矮化密植早结丰产栽植试验。获得成功后,她决心成片开发,规模发展。经过对广安、南充、遂宁、达川、云南、贵州等地的10多个县市近6个月的考察和科学周密的论证,她最终选择了月亮坡村作为基地。

选择月亮坡村这片荒山,还缘于她这样一种朴素的想法:"我出生在华蓥山下,自己眼皮底下的连片荒山没有开发利用实在太可惜,如果能栽植成果园,建成花果山,既绿化了荒山,又能为乡亲们致富找到一条出路。"

为了实现自己的愿望,欧阳晓玲决心承包这片荒山。1996年10月,她在40年不变的承包合同上庄严写下自己的名字,并请公证处进行了公证,每年向村上交租金2万元,向农民每667平方米交玉米250至350千克。从此,翻开了她人生新的一页。

欧阳晓玲是一个性格倔强的女人,一旦看准了的事,她说干就干。三年来,她组织村民连片开垦14座荒山,栽植黄花梨等优质水果苗20多万株,全部成活。吃了多少苦,受了多少累,只有她和月亮坡才知道。一份耕耘一份收获,欧阳晓玲用心血和汗水把月亮坡变成了金山、银山。三年来,仅黄花梨一项产值就达100多万元。

1998年3月,她又投入45万元取得了黄花梨公司控股权,出任董事长兼总经理,1999年9月一次性买断经营权,成了一位名副其实的庄园主。

为了让更多的农民尽快走上致富路,欧阳晓玲在团组织的帮助下,建立了青年星火科技带头人培训基地。她利用基地办培训班和现场讲座等形式,免费培训技术人员1000多人次,有500多人学会了种植技术,100多人回村建起了自己的果园,带动和辐射川东和重庆市周围的10多个县市的5000多名村民学到了技术,开发荒山1734公顷。同时,基本解决了500多名农村剩余劳动力和下岗职工的再就业,每年发放务工工资25万元,支付村民土地费29万元。

黄花梨的栽培

欧阳晓玲创造了独特的黄花梨栽培新技术,其技术如下:

一、栽植

(一)时期

栽植时期可为秋栽。秋栽的苗木伤口愈合早,并能较早地长出新根。因此,秋栽的苗木成活率高,缓苗期短,生长旺盛。

(二)距离

合理密植是增产的重要措施。采用计划密植,开始栽植时每667平方米可加密栽到300~400株,5~6年后,有计划地疏稀加密树,最终保留110株左右,并按1:4配置授粉树。

二、梨园管理

土壤理化性质的好坏,水、肥、气、热等因素,对果树生长结果关系极大。在南方各省,一般雨量较多,土壤粘重,透气性能差,夏秋季高温干旱,地面温度常高达60℃以上,影响根系的生长。土壤管理应着眼于深翻改土,多施有机肥,以改善土壤的理化性质,使之透气、保水、保肥和调节土温,使土壤春季升温快,冬季降温慢,夏秋季变温小,以利根系的生长。梨园深翻改土,应外深内浅,少伤粗根,可结合施基肥进行。密植梨园由于个体根系容量小,群体根系密度小,冠矮枝密,耕作困难,需在建园时一次做好深翻改土工程。

(一)梨园土壤管理

幼年梨园,果树行间种植豆科或禾本科矮秆作物,树盘周围进行中耕翻土,夏秋干旱季节进行松土或覆盖。覆盖能预防土壤水分蒸发,降低土壤温度,改进土壤湿度状况有利于微生物的活动,促进硝酸盐和磷酸的积累。

成年梨园的土壤管理,有全年种植覆盖作物;半年种植覆盖作物,半年休闲;全年清耕休闲和生草栽培等几种方式。南方梨区,气候温和,雨量充沛,生长期长,一年种植两次绿肥是完全可能的。按667平方米产3000千克鲜草计算,含氮量约有15千克,即相当于每667平方米产3000余千克梨的需氮量,同时夏季种植绿肥,对果园降温有显著效果。当果树行间光照已经恶化,绿肥生长不良时,则应采取全年清耕休闲,铲除杂草,防止梨树浮根,改善土壤理化性状。在坡地果园,为了防止土壤被雨水冲刷,亦可让其自然生草或播种多年生绿肥,不行耕翻,只刈割覆盖。

(二)施肥

1. 施肥时期

梨树生长周期中,根系和枝梢生长、开花、果实发育及花芽分化都有一定的顺序及相互制约的关系。

依据生长和结果的高峰和贮藏营养的转折时期,基本上可分为下列阶段:

(1)由贮藏养分供应的萌芽开发阶段。自休眠结束至短梢停止生长展叶转色(约在2~4月中下旬)。若贮藏养分供应充分,萌芽开花整齐一致,坐果率高,果实发育好。

(2)由同化养分所供应的旺盛生长阶段。约在4月下旬至6月中下旬,是由当年新叶同化养分供应枝叶和根系生长最旺盛的时期。

(3)果实发育和花芽分化旺盛阶段。约在6月下旬至果实采收。新梢加长生长停止,处于加粗生长充实阶段,这时正是花芽分化和果实发育盛期。

(4)同化养分积累阶段。自果实采收至落叶,约在8月~11月。8~10月气温尚高,光合作用仍强,根系吸收能力仍旺,是同化养分积累的重要阶段。

(5)休眠阶段。自落叶后至萌动前,约在11月至次年1月,地上部处于休眠阶段,而根系仍有微量生长。其中,由依靠贮藏养分生长过渡到新叶同化养分供应的转折时期和果实发育及花芽分化的生殖时期,是栽培管理上最重要的关键时期。所以,在确定施肥时期时应注意这些特点。

①基肥。一般在采果后落叶前进行。这时土温较高,树体又在活动时期,有利于根系愈合和生长。秋施基肥的新根增长量,一般比春施基肥多3倍左右。同时,秋施基肥对恢复树势,加强同化作用,增强树体营养贮备有显著的影响。故有利于提高坐果率及产量和品质。如因劳力等关系不能秋施基肥,采后也应及时追施氮肥,维持强壮的树势。因南方的梨产区,秋季气温尚高,蒸发量较大,秋施基肥后应及时灌透水。

②追肥。梨树在不同生长时期对营养元素的吸收量是不同的。氮的吸收:以新梢生长期及幼果膨大期最多,生理落果期极少,果实第二次膨大期又较多,果实采收后则吸收又较少;钾的吸收动态,基本上与氮相同,不过第二次果实膨大期

对钾的吸收远较氮为高;而磷的吸收较氮钾为少,且各生长期比较均匀。因仅施基肥不能及时满足各个时期对不同养分的需要,故必须根据梨树需肥特点合理追肥。全年追肥3次,天旱时要结合灌水进行。

花前肥 于萌芽后开花前进行,施速效性氮肥,若用人粪尿、腐熟的饼肥,应提前半月左右施下。花前肥对提高坐果率、促进枝叶生长和提高叶果比有一定的作用。弱树、幼树以促进枝叶生长为主要目的的可以施用氮肥,施用量约占全年的20%。初结果的树和成年的旺树,一般不宜施用氮肥。

壮果肥 于新梢生长盛期后,果实第二次膨大前进行。以施速效氮肥为主,配合磷钾肥料,氮肥用量约占全年的20%,如施肥过早,会促进枝梢旺长,则果实糖分下降,影响品质。

采前肥 于采果前进行。施速效氮肥,其用量占全年20%。此次施肥,为春季萌芽、开花结果作好物质准备。对树势较弱和结果多的树,采果后若不能及时施基肥,还可适当补施速效氮肥,对恢复树势,防止早期落叶有良好的作用。

2. 施肥方法

梨的根系强大,分布较深远。幼树基肥应采用环状、条沟、扩槽放窝,分层深施。沟宽1米左右,深0.67米左右。轮换开沟,每1~2年一次,逐步将果园全部深翻施肥一遍,即可引导根系深入扩展。成年树或密植梨园根系已布满全园,宜采取全园施肥,以便于根系全面接触,提高肥效。过4~5

后,为更新根系,活化土壤,分期分批进行深耕,适当切断部分老根。

追肥方法,应根据肥料种类、性质,采用放射沟、环状沟或穴施,深约10~15厘米,施后及时覆土。如土壤水分不足,要结合灌水,氨水要先充水稀释,否则肥效不易发挥,甚至起破坏作用。追施绿肥,应挖40~50厘米的穴施入。

根外追肥,目前已普遍采用,随着机械化的发展,今后将广泛应用喷灌。特别是4~5月份梨树由贮藏养分到当年同化养分的转变时期,采用根外追肥,效果更明显。常用浓度:尿素为0.3%~0.5%,人尿为5%~10%,过磷酸钙2%~3%,硼0.2%~0.5%,硫酸亚铁0.5%,锌0.3%~0.5%等。

3. 施肥量

施肥要适当,否则,对生长结果不利。梨的施肥量的确定,主要是根据树体大小、花芽多少、产量高低、以产定肥;并根据丰产、稳产的规律性指标酌量增减。现举一例说明如下:成年梨树体健壮的内部营养指标——叶片(6月中旬,8月下旬)全氮量在2.0%~2.2%;碳氮化值在5左右;外部形态指标——树冠外围中下部新梢平均长度在40厘米左右,短枝(着生5~7个叶片)单叶面积55平方厘米左右。

在施肥的种类上,应有机肥料与化肥相结合,以改善土壤的理化性状。在化肥方面,应逐步由使用单一化肥过渡到复合肥料,如氮磷复合肥——安福粉($NH_4H_2PO_4$),重安福粉[$(NH_4)_2HPO_4$],硝酸钾,磷酸钾(KH_2PO_4),"氮磷钾"粉等。

这种复合肥料,养料比较全面,可减少施用次数。

(三)灌水与排水

梨是生理耐旱性弱的树种。要正常生长,并获得高产稳产,必须灌溉。梨树较耐湿,但土壤过湿,通气不良,根的生理机能减退,树体生长恶化,尤其是温度高,梨树旺盛生长时,这种湿害的表现更严重。生产上常见到地势低洼、地下水位高的平原梨园和不透水的山地梨园,在降水多或降水集中的季节,叶色黄绿,生长不良,一旦进入旱季,便发生黄叶早落的现象。因此,建园时,要深翻改土,打通不透水的硬土层,四周围沟要深,要与沟河相通,既能排明水,又要排暗水,做好排水防涝工作。概言之,春夏之际,要注意排水,夏秋乃至冬季,要注意灌水,个别春旱年份,还要进行春灌。不同的树种品种,生育时期和土地条件,对需水要求和保水性能是不同的,灌水时期、次数应区别对待。灌水的方法,以沟灌、滴灌、喷灌、穴灌等法为好,但高度密植梨园采用高喷头喷灌,易造成小气候湿度过大,而引起真菌性病害。灌水要一次灌透,应使根系主要分布层内土壤含水量达到田间最大持水量的70%~80%为宜。灌后应及时锄地保墒,减少土壤水分蒸发。

三、整形修剪

(一)树形

梨的树形很多,常用的主要树形有疏散分层形和多主枝自然形两种,其树形结构特点简介如下:

1. 疏散分层形(主干疏层形)

干高60厘米左右。主枝稀疏分层排列在中心干上,一般2～6层,全树共有5～7个主枝,7～10个副主枝,树冠高3.5米左右。第一层～第二层层间距60～120厘米,二层以上40～60厘米。第一层主枝的基角,一般以45度左右为适宜,上层主枝角度可略小。第1个主枝的两侧配备1～2个副主枝。第一副主枝距中心干50厘米左右。第二副主枝在第一副主枝的对方,可以对生,亦可彼此相距40厘米左右。内侧两个副主枝保持80～100厘米的距离。副主枝与主枝的水平夹角要求45度左右。第一层主枝的第一、二副主枝垂直角度略大于主枝角度;第三副主枝应略小于或与主枝相等即可。这种树形,修剪量较轻,成形较快,结果较早,产量较高,树冠紧凑,通风透光。

2. 多主枝自然形

干高50～70厘米,有中心干,主枝自然分层,全树2～3层,有主枝5～10个。第一层3～4个主枝,第二层1～2个主枝,第三层1个主枝。层间距一般为50～60厘米。各层主枝自然分布,上下互不重叠,各主枝再分生副主枝,最后形成圆头树冠。

(二)整形修剪技术要点

1. 定干

定干高度一般60～70厘米。定干时,剪口下要留7～8

个饱满的芽,以便发枝后选留主枝用。如新栽的一年生苗生长瘦弱,不够定干的高度要求时,可离地面 6~10 厘米处短截,以便明年重新定干。高度密植的梨园或坐地苗,为了控制顶端生长过旺,促发短枝,也有栽后拉斜,不予定干。但在一般情况下,还是以栽后定干促发生枝,对扩大树冠、缩短缓苗期有利。

2. 骨干枝的选留和培养

(1)中心干选留和培养　定干后第一年冬,选顶端直立的枝条作中心干,逐年加以培养。如果枝条生长弱,其长度达不到层间距离的要求,可适当重剪,第二年冬再行短截时,以剪留的长度加上第一年剪留的长度(即两年长度之和)达到层间距的要求为原则。以后每年都需要选顶端直立而生长又不过旺的枝条做中心干的延长枝。为了抑制顶端优势,又不减少数量,可将中心干的延长枝拉平,改作主枝。让下位生长较弱的枝代替中心干的延长枝,使之弯曲上升,或对中心干的延长枝进行摘心,促发分枝。也可用弱枝带头,适当回缩的方法,以控制中心干的优势。为了加强中心干的生长,保持其优势,对中心干的延长枝应选留强枝壮芽修剪。幼树经过 3~5 年的整形修剪,树冠达到 3.5 米左右,具有 5~7 个固定主枝时,便可封顶落头。

(2)骨干枝的选留和培养　按照一定的树形对主枝副主枝排列的要求,选择生长方向和角度适合的枝条培养主枝和副主枝。对各层主枝的培养中,以对基层主枝的培养最重要,也比较困难,因为全树的产量约有70%是着生在基层主枝上。同时,由于定干后的第一年处在缓苗时期,生长势弱,加之黄花梨品种成枝力低,所发出的长枝往往不够第一层主枝数目的需要,修剪时应对长枝短截,对中枝不短截,使顶芽延伸,这样角度容易开张,否则角度很容易变小。如果长枝、中枝数目还选不足,除把已选的枝条加以短截外,将中心干延长枝留40厘米左右短截,剪口第三芽留在缺乏主枝的方向,使发出的枝条选作主枝用。幼树和结果初期的树,容易形成狭窄的树冠,树势旺,不易结果和丰产。所以,主枝延长枝的剪留程度,要考虑与中心干的延长枝的差异不要过大。稍短一点即可。

在选留主枝时,除考虑枝条大小、强弱、方向外,还要尽可能选角度比较开张的枝条。如果选留的枝条角度过小,应该采用多种措施,以开张角度。1～3年生树以拉、撑、拿、吊为主,4～8年生树以"里芽外蹬",留枝外引,配合扭梢,利用结果下坠为主。开张角度的方法很多,必须根据品种特性和具体情况选用最适合的方法。主枝延长枝进行短截时,还应考虑副主枝发生的部位及剪口芽的方位,使剪口下发生的枝条能符合培养副主枝的要求。黄花梨属成枝力弱的品种,剪口下往往只能发生1～2个长枝,假如主枝延长的剪口留外芽,第二芽则在主枝背上,由第二芽发生的枝条直立生长,不符合选作副主枝的要求。修剪时,剪口芽留侧芽,则剪口下第二芽亦必为侧芽,发出的枝条适合选作副主枝,而且该枝侧向生长,可避免与剪口下第一枝条发生竞争。副主枝剪留的长度要与主枝延长枝剪留长度基本相同或略短。万一出现主枝强副主枝弱现象时,应在主枝延长枝下部,选方位适当、大小相当的枝条作为带头枝进行回缩,以便与副主枝生长相适应。如果幼树主枝生长过旺,而修剪又不得法,造成两侧分枝较少的现象时,这时对主枝和副主枝都不宜短截过重,而应轻缓放,使枝量迅速增加,枝势缓和后,利用背斜枝,以增养后生副主枝。

(3)辅养枝的利用及修剪 由于梨的顶端优势强,成枝力弱,骨干枝基部容易出现"光秃"现象,故幼树整形期间,在骨干枝之间空间较大处,如第一层主枝之下的主干上,各层主枝间、各副主枝间,以及主枝背下、副主枝周围等处,都可根据情况,适当多留辅养枝。辅养枝对合理利用空间,积累养分,扩大树冠,适龄结果和早期丰产有重要作用。辅养枝的利用和修剪应视具体情况而定。对于空间较大处能够长期保留的辅养枝,一般是在第一二年较重修剪,使发中长枝,使它早结果。辅养枝太少时,应于骨干枝的"光秃"部分,在潜伏芽或一二年生枝上位进行刻伤,促发长枝。随着树龄的增大、树冠内膛光照条件日趋恶化,对辅养枝要适当处理。凡有较大空间的,可以控制在一定的范围内,以占领空间,扩大结果部位;凡空间较小,可以改造成为各类枝组,只有在影响骨干枝生长时才从基部疏去。辅养枝的控制改造方法,一般是采用加大角度,去直留斜,去强留弱,缓放结果等措施。

（4）枝组培养和修剪　枝组可分大、中、小三种，仅具有2～5个分枝的为小型枝组，具有6～15个分枝为中型枝组，具有15个分枝以上的为大型枝组。枝组的大小，不是固定不变的，在一定条件下，它们可以互相转化。

幼树和结果初期的树，要及早培养枝组。对花芽容易形成的黄花梨，可采用先截后放，或先截后缩法。结果盛期的树，枝量过多，为了改善光照条件，对部分过密的大型辅养枝，应采取去强枝留弱枝，去生长枝留结果枝，适当回缩等办法，以改造成为大型枝组。当盛果期以后，树势减弱，枝组结果能力下降时，可以分批对衰老枝组进行回缩复壮。对已无复壮可能的小枝组，可以疏除。

枝组间的生长势有强有弱，枝组的生长量有长有短，在枝组的培养过程中，要大、中、小各类枝组合理配合，以达到合理布局、结构紧凑、树势均衡、立体结果的目的。

枝组的修剪，应掌握交替结果、轮换更新的原则。枝组与枝组之间，大、中型枝组内部枝条与枝条之间，均应如此。对某些枝组进行控制，对另一些枝组就必须让其发展；对枝组内的某些枝条进行短截或回缩，对另一些枝条就必须缓放或轻剪。使每个枝组各占一定空间，又保持旺盛的结果能力，如果只控不放，或只放不控，必然引起枝组内的不稳定和结果能力下降。这放放缩缩的方法，一般3～4年轮换一次。小枝组只要结果正常，不要经常修剪，如生长转弱，可疏除部分弱枝芽。如生长过弱，可适当短截，促使转强。中、大型枝组要经常注意保持中庸的组势,生长强而附近又有空间可以发展的,可以适当延伸发展;无空间发展的,对前端分枝要去强留弱,加以控制;生长过弱的,要回缩复壮。在同一枝组内的枝条,已形成花芽的结果枝,就保留结果,未形成花芽的就缓放孕花,或短截发枝,经缓放后而形成基枝的回缩程度,一般枝粗超过1厘米留5~8个花芽(或短果枝),比1厘米细的留3~5个花芽(或短果枝),以保证其正常结果和抽生良好的果台副梢。

梨的果台可发生1~3个副梢,一般以2个居多,如营养适当,当年的副梢可以形成果枝,修剪时可疏一留一,或短截一个留一个,既能结果,又有预备枝;如营养不足或失调,发生叶丛枝或生长枝两个以上的可去一留一。叶丛枝宜留强去弱,生长枝则去强留弱;如营养不良,果台不发副梢,可以"破台"(即剪除果台的一部分),促使潜伏芽发生短枝,必要时亦可"除台"(将果台全部剪除),促使下部发生更新枝。对短果枝群的修剪,在树势健壮的情况下,可根据全树负担量,确定短果枝的留量,删去多余结果枝,在树势转弱,短果枝群结果能力下降,更要注意疏间弱枝弱芽,短截中长枝,以更新复壮。疏间时掌握五疏五留的原则:即疏中留侧、疏下留上、疏弱留强、疏密留稀、疏远留近。

四、保花保果和疏花疏果

保花保果和疏花疏果是一个事物的两个侧面,其目的是调节树体的负载量,保证生长健壮,结果良好,果大优质,年年

丰产。

(一)保花保果

保花保果的根本措施是加强土、肥、水的管理和防治病虫,使树体生长健壮,营养贮备充足,既能开好花,又能结好果。

凡授粉树不足或配置不当的,应尽早补栽授粉树,高接授粉品种或花期树上挂花枝(罐内盛水,将授粉花枝插入罐内,挂于树上)。花期喷 0.2%~0.5%硼酸,5~10毫克/千克,15毫克/千克,萘乙酸钠 1000 毫克/千克,B9 800~1000 倍,2,4,D 醋精(含酸量 30%,食用醋精)都有一定效果。初结果的树,以及梨树开花期间遇上阴雨连绵天气影响正常授粉时,应进行人工授粉。

对生长过旺的幼年树或徒长性结果枝,往往营养生长过旺,养分流向枝梢,果实因营养不良而落果,应进行环割或环剥等外科手术,以抑制树体或枝梢生长而保证果实的生长。

(二)疏花疏果

梨树花芽容易形成,开花坐果率较高,若形成过量的花芽而不进行疏花、疏果,常因坐果过多,消耗养分过大,而不能抽生良好的新梢,以致营养不良,不能形成花芽,出现大小年结果现象。因此,疏去多余的花、果,调节生长和结果的矛盾,是防止大、小年,达到丰产稳产优质的有效措施。

1. 疏花

分疏花序和疏花朵两种,而以疏花序较为简便。疏花的时期,以花序伸出到初花为宜。疏花量的大小,要看树势、肥料、授粉条件而定。

疏花的具体做法,宜疏弱留强,疏长(长、中果枝的顶花芽);留短(短果枝的顶花芽);疏腋(花芽)留顶(花芽);疏密留稀;疏外(部)留内(部),但树冠顶部和强壮直立的大中枝条,为了防止发生上强现象,可不疏花和少疏花,以果压枝。

为了节约劳力,争取时间,当一部分花已授粉受精,达到生产要求时,亦可结合病虫防治,喷射0.5%的波尔多液和波美,0.3%的石硫合剂,或40毫克/千克萘乙酸钠,可以杀死柱头起到疏花作用。

2. 疏果

在疏花的基础上,对坐果率高的植株还要进行疏果。疏果时期,自第一次落果后开始至五月中下旬完成。其疏果的依据:凡年年结果的健壮树,必须保持一定的枝果比或叶果比,强树强枝枝果比可适当降低,弱树弱枝,则可适当提高。

疏果的具体做法,应掌握弱树、果多的树早疏多疏;旺树、果少的树晚疏少疏。内膛弱枝多疏少留;外围强枝多留少疏。做到留大果疏小果;留好果疏病虫果、畸形果;留边果疏中心果;留距骨干枝近果实,疏距骨干枝远的果实。并进行套袋栽培,于定果后进行套袋,套袋的果实外观好,病虫果少,一般要求5月中旬左右结束,过迟易被病虫为害。

引种黄花梨须知

黄花梨因其金黄色的外观和优秀的内在品质,一经推出便备受关注,各地果农纷纷看好这一优良梨树品种,争相引种栽培。但应提醒农民朋友的是:引种要谨慎,这是因为:

一、黄花梨是沙梨系品种,叶片对高温干燥敏感,易形成叶灼;郁闭后有生理落叶现象,管理中对枝量控制要求严格。

二、黄花梨易形成梨锈,在栽培过程中对套袋的要求严格,一般要在5月幼果期套小袋,6月上旬套大袋,两次套袋才能把锈果比例控制在较低的水平。

三、黄花梨果实皮薄,果肉细脆,极易受机械损伤,对采收、包装、运输等各个环节,都要求严格,储运比较困难。同时,对轮纹病、黑星病等抗性较弱。

鉴于此,引种栽培者除不能有暴利思想外,要把当地气候、肥水、管理水平等诸方面的因素综合考虑后,再做出决定。

扶贫致富领头雁
种李树发财记

四川宜宾市玉龙镇新联村滩桥组农民,现年31岁的李兴海,虽然言不惊人、貌不出众,近几年却在新闻媒体上频频亮相,他带领群众走共同富裕之路,支持家乡社会事业发展的一个个令人感动的故事,在柏溪、玉龙两镇广泛传颂着,并得到党和政府的充分肯定。宜宾市人民政府1996年授予他"捐资助学普及初等义务教育先进个人";1998年被宜宾市人民政府授予"星火带头人标兵"称号,同年被选为第六届市政协委员;1999年被市委、市人民政府授予"十大杰出青年"荣誉称号;2000年4月被评为"四川省劳动模范"。

李兴海的成功之路并非一帆风顺,采访中,李兴海向笔者谈起了他那充满艰难的创业历程。

1969年3月出生在宜宾市玉龙镇新联村滩桥组的一个贫困农民家庭的李兴海,于1982年9月以优异成绩考上玉龙中学。正当他渴望通过学习充实自己的时候,年迈体弱的母亲不幸病逝,李兴海被迫辍学回家务农。15岁那年由于哥哥不幸触电身亡,父亲又丧失了劳动能力,生活的重担便压在李兴海身上,但他并未屈服。

为解决温饱,他开始了自己的创业生涯。凭着聪明的头

脑、坚韧的毅力和苦干的精神,通过勤奋自学,李兴海掌握了大量的农村实用科学技术,在当地率先实行科学种田和科学养殖,短短三年便迈入了小康生活。1993年,李兴海组建了注册资金为60万元的"玉龙建筑责任有限公司"。同时,又投入资金在玉龙镇增设了五金交电、建筑材料、汽车配件、车辆维修和加油、畜禽饲料等经销服务网络,迈出了创业第一步。

1997年,李兴海投资10多万元创办了宜宾市第一家经市科技局批准成立的农民科研所,专门研究适合本地自然条件的优质水果的栽培技术和食用珍稀动物的养殖技术。农科所先后研究开发出优质桂圆、枇杷、李子、板栗等10多个品种和桃改李技术。所里有近13.34公顷优质种苗试验基地,培育出优质种苗600多万株,养殖甲鱼600多只,美蛙200多只,水花鱼数万尾。1998~2000年年纯收入都在30万元以上。

借鉴外地发展农家乐小旅游的经验,李兴海于1999年7月间,以自己的住房为基础,先后投资30多万元,办起了具有生态特色、占地0.33公顷的九彩虹农家乐,成为周边城镇居民休闲、旅游好去处。

为了带动乡亲们依靠科技发展种植、养殖业,李兴海兴办的农科所在优质种苗的推广销售过程中,不仅免费向农民提供技术指导服务,而且还以低于市场价格5%~10%的优惠价销售或赊销种苗给当地贫困户,至今已累计赊欠折款6万多元。为帮助邻近群众改良水果品种,李兴海亲率技术人员到地头服务,手把手帮助40户贫困的乡亲将3.33公顷低效益的桃林改为优质李子林,仅此一项就使这些贫困户三年内实现每户增收1000元。为了解决邻近群众农副土特产的销售,李兴海向周围的许多农户签订了供销合同,以高于市场价10%左右的价格收购了邻近农户的蔬菜、鸡鸭鱼兔蛋、水果,不仅保障农户的收入,而且保证了自己农家乐菜肴的农家风味。为了帮助乡亲们在农闲时增加收入,李兴海还招收了100多名下岗职工和贫困人员在自己的企业里从事服务工作,月收入300~800元。目前,这些务工人员的家庭已告别了贫穷,过上了小康生活。

初中未毕业的李兴海深知科技需要基础文化知识的重要性,始终关注家乡的发展和教育事业,李兴海近几年来共捐资5000元修建玉龙小学的校门和操场,捐资1600多元为玉龙初中制作床铺33张,捐资1400多元帮助8名贫困辍学的儿童返校。同时,他还每人每年资助100元,已帮助45名贫困学生完成学业。在修复施滩纵力坝、玉龙电站、滩桥堰沟等水毁工程时,李兴海无偿提供设计图纸,义务施工,为单位和集体节约资金30多万元。他还主动捐资6000元支持玉龙新区市场的建设,无偿垫资铺设玉龙新区街面。1996年6月,玉龙遭受特大洪灾之后,李兴海贴息亏本3万多元向受灾户赊销建材。2000年,他又以低于市场5%的价格将柴油销售给贫困农民抗旱保春耕,同时还向40多户贫困户捐赠价

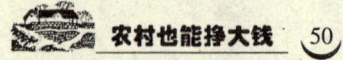

15000多元的尿素化肥,资助他们进行春耕生产。

让"李王"落户

"李王"是日本山梨县五摩郡西町杂交育成的李树新品种,具有高糖度、极早熟的特性。

李兴海1998年从郑州果树研究所引种栽培,获得好收成。该品种6月中下旬成熟,果实近圆形,果皮浓红色,全面着色,外观极美丽,很有"卖相";果肉橘黄色,多汁、出汁率达70%,含糖量高达17%,香气浓,酸味轻。因果美味甜,上市售价每千克30~40元,十分俏销,深受消费者喜爱。

幼树定植2年见花,3年结果,一般667平方米产量725.1千克,4年即进入丰产期,无采前裂果和落果现象。

李兴海的丰产栽培技术是:

一、建园

平地以南北向为主,丘陵山地作梯田栽植,行株距3×2米,每667平方米种植111株,避免与梨树混栽,以免品质退化。

二、栽植

10月下旬落叶后至次年3月,挖大穴(长、宽均为1米、深0.5米),在穴中施足底肥,栽后浇透水。

三、配置授粉品种

"李王"自花授粉结果率低,需配置授粉品种,一般20株李王需配栽1株密思李;花期放养蜜蜂帮助授粉。

四、肥水管理

萌芽后每株施尿素50克、复合肥20克,肥水宜淡不宜浓;花后追施氮、钾肥;果实膨大期追施氮、磷、钾肥。

五、保花保果

花落1/3时,用磷酸二氢钾、尿素、硼砂各600倍进行喷雾,隔7天一次,连续3次;结果多的枝上采取疏3留1疏果。

六、整形修剪

采用自然开心形树形,树干高保持50厘米,选方位分布3~4梢作主枝,当主枝长至30厘米时打顶(摘心),逐年形成丰产树形。

综合出效益

李兴海成功的关键主要有两条:一是种果坚持用名特优新品种,不种市场前景差的"大路货",同时做到良种必须"良法",即坚持科学种果;二是综合发展,种植业、养殖业、农家旅游一齐上,不搞"单打一",当然这需要胆识和投资。

就李兴海栽培的"李王"而言,这是非常有前途的品种,所采取的技术措施也恰当,所以产生低成本、高效益的回报。但需注意的是,李王耐寒力低,适宜在我国南方暖冬地区栽培。

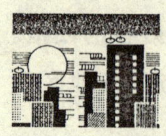

燃烧青春的火焰
种葡萄能致富

随着改革开放的春风,有众多的农村青年,伴着"打工热"的潮流大群大群的涌进了城市,希望到城里抱个"金娃娃"回家。其实,在那片滋养我们生命的大地上,就是一片"金子"。四川绵阳市涪城区石塘镇瓦店村的青年农民熊峰,就是在黄土地上,用勤劳和智慧谱写着精彩人生!

下面就是熊峰十多年来靠种葡萄致富的创业历程的真实故事:

熊峰于1974年出生于瓦店村六组一个农民家庭,当时的石塘乡还比较贫穷落后。他父亲一直教导他将来一定做一个有出息的人,所以他学习一直特别的努力,以优异成绩考入石塘中学。家中由头发花白的父亲和体弱多病的母亲撑着。放学回家时,他常看见父亲佝偻的背影和母亲苍白的脸,就向父母提出想放弃学习回家务农,当时父亲就希望他能把书读出来,跳出农门。但他立志在农村干一番事业,再加村镇买回了葡萄枝,村团支部书记请来了村里有葡萄种植经验的人为他指导,通过全家人的忙碌,终于将葡萄枝插下了地。

刚把葡萄苗栽下去,村里人便风言风语:"看这破玩意儿,你还真以为能结葡萄?告诉你吧,咱这里发不出那个。"

他不为所动,相信自己的选择是对的,等葡萄产生了经济效益他们总该没话说了,就会相信了。

等到大地春回的时候,他的"破玩意儿"绽出了嫩芽。葡萄一天天茁壮成长起来,很快铺满了架,并绽开了米黄色的花。他憧憬着一个紫色的收获。

挂果后,一串串的葡萄也令人喜不自禁。可是,过了几天后,却有一些葡萄掉在了地上,不几天,他便眼睁睁地看着喜人的葡萄都掉得差不多了。望着光秃秃的枝头,他流泪了,为什么会这样呢?

于是他便请来专家作指导,终于明白了落果是因为葡萄的果穗留得太多。葡萄不仅应该管理好水肥,更应注重修剪。专家毫无保留地给他讲解了如何抹芽定梢、绑蔓和去卷须、摘心和去副梢、整修花序与果穗和摘叶,他终于明白了,应当控制果穗的数量,不能以数量为准,要以质量为保证,提高产量和品质。

1992年9月,在村团支部推荐下,他参加了中国农函大南果专业的学习,这期间,他系统学习了水果种植管理技术,特别将所学的专业知识与自己种植的葡萄结合起来,开始初步懂得种葡萄的奥妙,知道怎样择芽苗,什么时间施肥和怎样防虫。1993年春天,他的葡萄又开始发芽,他便按照所学专业知识进行了选苗芽,并进行早期防蚜虫,按要求进行施肥,通过辛勤的劳动。六月份葡萄又开始挂果了,当时他的心情非常紧张,生怕会重蹈覆辙,"老天不负有心人",终于未出现去年的现象。七月底、八月初,整个葡萄架上缀满了沉甸甸的水晶般的硕果,望着这丰收景象,他们一家人都乐滋滋的,而他更是欣喜万分,马上通知邻居们和团支部成员来吃葡萄。9月末,他的葡萄已经全部卖出,当年纯收入达到1800多元。同年他加入共产主义青年团组织。

1991年,沿海地区经济已经蓬勃发展起来,而熊峰所在村仍处于传统耕作之中,种植作物也比较单纯,只有水稻、玉米、红苕等,因土质差、种植方法落后,又没有技术,产量较低,只能基本解决温饱。

当时,他想为什么不把社里大片闲置的山坡地用来种植一些有经济价值的作物呢?但种什么经济作物才有发展前途呢?于是他把想法告诉村团支部书记,并查阅许多关于种植方面书籍,将该社的自然条件、土壤特性、水源和交通条件等作了较为认真的分析,最后确定从种葡萄入手。他便说服了家人,把家里的一块山地用来做试验种葡萄,淘尽黄沙始现金,他终于成功了。

有了这次成功,他心里对未来更充满了信心,决定进行较大规模的葡萄种植,1994年初他投资1000元,到外地购回一批优良品种葡萄枝,严格按种植要求进行选芽、扦插、育苗、移栽,施肥和防虫。八月初,葡萄架上挂满了硕果,当年667平方米收入已经突破6000多元。此时,他第一次真正体会到"科技是第一生产力"的真谛。

1995年初,村团支部书记来找到他,向他提出了在全村

大面积推广葡萄,并带动全村甚至全镇人民一道走共同富裕道路。他欣然同意,并一道拟出了帮扶、带动、辐射、发展规则。1996年,他种植葡萄面积达0.17公顷。同时,增加了枇杷0.05公顷,全村大部分农民也纷纷种植起了葡萄,他毫无保留地教他们怎样选芽苗、怎样防治病虫害、什么时间施肥。当年六月,家家户户葡萄园开始挂果,八月初,葡萄开始成熟了,远远望去,整个村子沉浸在一片绿色的海洋之中。当年全村葡萄种植人均收入就达4000元,而他家种植乒乓葡萄和枇杷纯收入高达3.6万元,看着家家户户喜庆样子,他第一次感到了自豪!

2000年,他们村种植葡萄规模进一步扩大,同时增加庭院经济种植和立体农业配套种养殖。他们的葡萄除占据本地水果市场外,同时运往省内外。本年葡萄一项人均纯收入就达1.6万元。现把他种植乒乓葡萄技术介绍给农民朋友:

"乒乓葡萄"栽培技术

一、建园

(一)园地选择

1. 地理位置

俗称"乒乓葡萄"的藤稔葡萄在全国各地都较适应。无论荒山、河滩及零星散地,均可种植。种植面积较大的应选择靠近消费市场、交通方便的地方。

2. 地形与地势

山地坡度要小于15度,平原地下水位在0.8米以下。避免低洼田建园,选择相对地势高、排灌方便的地块。葡萄是喜光果树,故宜选择向阳的南坡。

3. 土壤与水源

对土壤的适应性强,除重盐碱土外,都能种植,但以pH值5.5~7的含大量有机质的沙壤土和壤土最宜。红黄壤丘陵和沙质地建园,都需改良土壤后方可种植。选择园地还需考虑水源的位置,保证旱能灌,涝能排。

(二)种植规格

1. 种植密度

每667平方米种150~180株。

2. 种植架式

藤稔葡萄较适宜的架式为篱架和立体架,其中尤以立体架为好。

(1)立体架,株距1.3~1.5米,行距4~5米,每两行为一组合,组合间相距1.5米。立体架有平顶式和连叠式等。平顶式架面高1.8~2米。连叠式前部架高2.2~2.4米,后部架高1.5~1.8米。定植后3~4年内以篱架结果,以后篱架、棚架形成立体结果。立体架的优点在于:兼有棚架、篱架两种架面的综合优点,结果早,空间营养面积大,单位面积产量高。

(2)篱架,架面高 1.8~2 米,行距 2.25~2.5 米,株距 1.5 米左右,每隔 4 米立一支柱,挂 3~4 道铁丝。优点是通风好、光照足、栽培操作方便。

(3)架材与搭架,搭设葡萄架的支柱用钢筋水泥柱,粗 10 厘米×12 厘米,长 1.4 米×2.6 米,埋设深度 60 厘米。如拉铁丝的边柱应加粗到 12 厘米×14 厘米,长 3 米,向外倾斜 30 度,以锚石加固。棚架的架面用铁丝或竹竿纵横排列成 40 厘米左右的方格状。

3. 行向

行向应和常年的风向一致,多以南北向为好,既可改善通风条件,又减少了风的危害。

(三)定植

1. 定植时间

藤稔葡萄春季和秋季均可栽植,因农事关系,多为春植。春植以 2 月为宜,因此时地温回升,葡萄根系开始活动及芽眼即将萌动。春植最迟不超过 3 月中旬(芽眼萌动期);秋植时间定在落叶前 50 天左右。栽后及时浇水保持土壤的湿度,利于苗木恢复生长。

2. 苗木选择与修整

苗木要尽量选用健壮的一级苗。定植前对机械损伤的主侧根和细根作适当的修整,但避免修剪过重,尽量保证苗木根系的完整性。

3. 整地挖沟(穴)

定植前需做好开沟作畦、挖定植沟、穴等工作,沙土结构的园地可采用穴植,穴深60~80厘米宽。质地粘重的园地和红黄壤丘陵地建园,采用沟植为好,因为沟植排灌水好,能起到抗旱排涝的作用,沟深60~80厘米,沟宽80~100厘米。挖时取出的表土和深层土分别放置沟穴上部的两侧。对于土层较薄且底层土壤坚硬的园地,需采用高畦种植,畦高25厘米、宽100~120厘米。

4. 施足基肥

667平方米施优质有机肥5000千克(以堆肥或厩肥为主),过磷酸钙50千克(红、黄壤结构的用钙镁磷肥)。沟(穴)植在底部填20厘米左右的垃圾或杂草、秸秆之类的材料并踏实。再将有机肥、磷肥与表土混拌均匀或分层填入,再整成15厘米高、100厘米宽的畦待植。施肥时,离畦面30厘米的范围内,不要施用肥料,以免烧根死苗。高畦种植的,先将足量的有机肥和磷肥撒施土层表面,然后进行深翻土,再整成25厘米高、100~120厘米宽的畦待植。

5. 定植

按距离定点挖穴定植,边栽边培土,同时轻提苗木,使土壤尽量进入根系间,再培土压实,浇透水,掌握浅栽原则,使老剪口露出地面3~5厘米。

6. 定植后的地膜覆盖

定植后,可以通过地膜覆盖,利用其增温、保水、保肥等优点,促进葡萄植株早发根、多发根,加速恢复根系的生长活动。

此法在实践中应用效果相当显著,但使用中必须做到:

(1)地膜覆盖后,需将根际的破口用土封好,防止雨水大量进入。如能在地膜上加盖塑料小棚,效果更佳(雨天加盖,晴天撤掉)。

(2)每株幼苗的地膜覆盖面积应在1平方米以上,最好整畦覆盖,起到增湿、保肥、保水的作用,并可在多雨的年份避免土壤的持水量过多而引起烂根。

(3)在春季冷空气过后,温度回升过高时(有时地膜内温度达40℃以上),必须在根系分布范围的地膜上加盖杂草等覆盖物,避免温度过高烫伤幼根(因为根系生长的最适温度为22~23℃)。

(4)撤膜时间 一般应在当地气温相对稳定,春季有短时间的高温来临前进行。不可在冷空气来临前撤膜,否则新发的幼嫩根系会因适应不了气温的急剧变化而受损,影响葡萄植株的健康生长。

7. 注意事项

(1)选择晴朗干燥的天气进行定植,藤稔品种细根多且丛生,雨天或雨后马上种植,往往影响根系的正常生长而成活率不高。

(2)粘性重的红黄壤土及壤土栽培,应采用垫沙、覆沙种植,有利于根系的生长。方法是穴底先垫一层1厘米的河沙,将苗木的根系均匀地分布在沙上,然后在根上履一层沙土,以看不见根系为准,再培土压实。

(3)南方早春及夏季多雨地区不能采用沟植或穴植,否则阵雨稍多时定植沟或穴会成为"积水槽",造成苗木毛细根霉根腐烂,影响成活率。

二、夏季修剪

葡萄栽培过程中,夏季修剪非常重要。通过这项工作可以及时调节生长与结果的关系,改善通风透光条件,减少病虫害;有利花芽分化,促使果穗和果粒充分发育,保证枝蔓和果实能及时而充分地成熟,为当年和次年结果创造良好的条件。葡萄夏季修剪是一项技术要求很高的工作,幼树和结果树所采取的方式有所不同。

(一)幼树夏季修剪

做好幼树定植当年的夏季整形修剪工作,能使藤稔葡萄提早结果,保证定植后第二年达到一定的丰产性。具体方法为:

1. 抹芽

时间在可辨别芽的质量好坏时进行。留强去弱,留接近地面的一个壮芽生长,其余一律抹除。

2. 除卷须

卷须在人工栽培的情况下,有害无益,即妨碍植株生长,又消耗养分,故应在幼嫩时及时除去。

3. 摘心

当幼树生长到8～10叶时,第一次摘心,以后除留顶端一个副梢继续生长外,抹除其他的副梢,培养成一根主蔓,定蔓后,及时引缚(但不宜缚得过紧)。当顶端副梢再长到10～12片叶时,第二次摘心。此次摘心后,除顶端留一副梢继续生长外,抽发的其余副梢均留1～2叶反复摘心。但在梅雨季节,应多留几片叶摘心,目的是缓和树势,防止主蔓的冬芽因雨水过多而萌发,保证次年能够结果。

第二次摘心后,当主蔓生长到1.6米左右时,再行摘心。此后顶端留2～3个副梢,4～5叶反复摘心,至10月初,对各个生长点再进行一次全面摘心,从而完成幼树的夏季修剪。

(二)结果树的夏季修剪

结果树的夏季修剪包括抹芽、定梢、摘心、除卷须等项工作,目的是节省并集中树体养分,改善通风透光条件,保证当年高产丰收。

1. 抹芽

抹芽的目的是保证架面通风透光,枝蔓、花、果的充分发育和成熟。

(1)时间:四月上旬萌芽后进行若干次。

(2)抹芽方式

①对根际及老蔓上的不定芽除需留作更新蔓和补空外,一律抹去。②对结果母枝抹芽,需根据主蔓粗度和预定产量所要求的新梢数,确定抽发新梢所需的主芽数,抹去基部的弱

芽,朝上或向下生长的芽和所有副芽,同时按一定距离疏除病芽。只有在主芽所萌发的结果枝不足时,保留一部分相对健壮的副芽,以便抽生结果枝结果,保证具有一定的结果量。③抹芽程度 抹芽程度必须控制得当,开始时不宜过重,否则会引起新梢旺长,导致落花结果。强树幼旺树可稍迟抹芽,弱树和老树则应提早抹芽。

2. 定梢

(1)定梢时间,分两次进行。第一次在新梢上出现花序,能区别结果枝与营养枝时进行。第二次在花前5~7天或结合新梢摘心同时进行。

(2)定梢数量,根据预计的产量而定,保证有一定比例的结果枝和不结果的预备新枝,旺树可多留,小树应少留,结果枝的比例稍大于预备枝。结果枝基本上在每15~20厘米时留一根。

(3)定梢方法,第一次定梢以除去营养枝为主,凡细弱、过密,部位不当的枝条(背生枝、叉口枝)及不作预备枝更新用的营养枝等都除去,保留结果枝和补空用的,更新用的营养枝。此次除梢量占总除梢量的70%~80%。

第二次定梢量最终决定架面的新梢密度,补充第一次除梢的不足(仅占20%~30%)。按所需新梢的数量,选留理想的结果枝和更新用的营养枝,除去有病虫、穗小和部位不合理的结果枝等。但在花序数不足的年份,则应保留全部结果枝,见花即留,以保证产量。

3. 主梢摘心

摘心的目的是避免浪费,集中养分供应花、果实的生长发育和树体养分的积累。

(1)摘心时间,结果枝摘心在花前一周进行,预备枝在5月底至6月底进行。

(2)摘心方法

①结果枝摘心根据生长势而定,在花穗以上留6~9片叶摘心。原则上是中庸枝留6~7叶,强壮枝留8~9叶。②预备枝摘心,除延长枝外,一般留8~10片叶摘心。主蔓延长枝摘心可根据具体要求而定。

4. 副梢处理

除副梢顶端1~2个副梢留3~4叶反复摘心外,其余副梢都采用"留一绝后"或"留二绝后"的方法处理。对摘心再抽生的副梢及早除去。副梢处理的程度应达到保证藤稔葡萄的叶果比30:1的要求。

5. 绑蔓

绑蔓工作必须根据整形的要求进行。冬季修剪后,就要进行绑蔓,以后随着新梢的生长,不断进行绑蔓,绑蔓的方法采用"8"字形扣,打扣时不宜过紧,以免绞缢。预备枝上新梢的引缚以促进生长为主,架面上单枝更新结果母枝上的新梢除了结果枝倾斜引缚外,应在其基部选一新梢直立引缚,作为更新枝。

6. 除卷须

在整个葡萄生长期,结合其他栽培管理,及时摘除所有卷须,以节省养分。

三、冬季修剪

(一)修剪时间

藤稔葡萄冬季修剪和其他葡萄一样,时间一般在落叶后至次年伤流期来临前进行,以12月至次年1月最为适宜,如过早会影响树体营养积累,过晚则会引起大量伤流,导致植株衰弱,影响开花结果。

(二)枝梢修剪标准

1. 短梢修剪

从基部算起,剪留1~3节。

2. 中梢修剪

剪留4~7节。

3. 长梢修剪

剪留8~12节。

(三)不同树龄的修剪方法

1. 定植当年幼树冬季修剪

定植当年幼树的冬季修剪要结合整形工作进行。在夏季修剪的基础上,将树体整形成单蔓龙干形。根据藤稔葡萄的品种特性,同时又为了保证第二年有一定产量,第一年应以单蔓龙干形为好。剪留的长度,应根据主蔓的粗度确定。如主蔓离地面20厘米处直径能达到1.8～2.0厘米时(只要定植当年加强栽培管理,一般都能达到标准),冬季修剪时,留15个左右的饱满芽剪除其余部分。主蔓上的副梢,必须全部剪除。

2. 定植第二年的树体修剪

利用当年的结果枝,每隔20～25厘米组成一个结果枝组。除顶端结果枝采用长梢或超长梢修剪作为延长枝外,其余结果枝一律行短、中梢修剪,以中梢修剪为主。

3. 结果树的修剪

(1)修剪原则,从第二年起结果树的树形已基本形成,因此冬季修剪原则是以产定剪。根据所预定的产量指标确定修剪量,安排合理的结果母枝数。

(2)修剪方法,对已经结果过的结果枝全部剪除。对生长枝行短、中梢修剪,强枝中梢修剪,中庸枝短梢修剪,作为次年的结果母枝。掌握循环修剪的原则,有计划、有目的地进行重剪回缩,利用隐芽的萌发,重新培养结果母枝,控制结果部位上移。

(四)修剪技术

1. 枝条质量的识别

优质的枝条应充分成熟,节间较短,节部突出,不平直,芽高耸,形大、充实,鳞片包紧,枝褐色,髓部小,横断面圆形,否则为劣质枝条,不宜作结果母枝。

2. 剪截方法

为防止剪口芽失水抽干,结果母枝剪截时应距离保留芽眼2厘米以上或在上部芽眼破芽破节剪。缩剪或疏剪时一般留1厘米的桩头,疏剪时要防止破伤。

3. 更新修剪

双枝更新:用一长一短两根母枝组成结果枝组,长的作中梢修剪,用以结果;短的用短梢修剪(留二芽)作预备枝,次年长的抽生结果枝结果,短的预备枝抽出两根枝蔓,冬剪时,疏去结果枝及结果母枝,对预备枝抽生的壮枝,再行一中一短修剪,组成新的结果枝组,以后每年反复进行。

单枝更新:在冬剪时只留一根结果母枝,不留预备枝,进行中梢修剪,引缚时行平缚或弓形引缚,后部抽出的结果母枝选壮的两根用作双枝更新。

4. 绑蔓

绑蔓要与修剪意图相同,一般做到结果母枝分布均匀合理和充分利用架面。

四、疏花蔬果

(一)疏花穗

目的是为了保证树体合理的结果量而采取的措施。

1. 疏花穗时间

在始花前一周开始进行为好。

2. 疏花穗方法

疏去上穗、畸形穗、病虫穗,对余下的花穗原则是强枝留2穗,中庸枝留1穗,弱枝不留穗,同时疏去穗基部的2~5个支轴,花穗小的少除,大的多除。打1/5~1/4的穗尖,留下的支轴以12~14段为宜。

(二)定果穗

1. 定果穗数

根据预计的产量,确定合理的留穗数量,疏除过多的果穗。

$$留穗数 = \frac{2(穗/千克) \times 预计产量(千克)}{1 - 损耗率}$$

(损耗率一般为10%~20%)

2. 定果穗时间

在谢花落果结束后(果粒如绿豆大小)立即进行,越快越好。

3. 定果穗方法

在保证预定留穗数良好的前提下,保留坐果良好的大果穗,进一步疏去坐果松散、穗形较差的果穗。

(三)疏果

疏果是保证藤稔葡萄大果粒特点的关键措施,疏果时间的迟早,对果粒的大小有明显的影响。

1. 疏果时间

疏果时间在定果穗后,立即进行,越早越好,也可结合定果穗同时进行,因为此时已能辨别果粒的好坏。

2. 疏果方法

将受精不良的(扁圆形,果柄细)、向外突出的、钻在果穗中间的、果顶朝里的、果柄特别长的极小果粒疏剪掉。留下经过受精的颗粒呈椭圆形的、大小均匀一致的好果粒。

藤稔葡萄的留果数,以 25～30 粒最佳。自果穗的基部到顶端,每个支轴的留果数可依据以下比例:4、4、3、3、3、2、2、2、2、1、1、1、1、1,分成 12 段共 30 粒。

(四)套袋

目的是为了保持果实表面色泽整洁,有"卖相",以及防治病虫害对果实的危害。

1. 套袋时间

在疏果后进行,套袋前喷布一次杀菌剂和杀虫剂。

2. 套袋方法

袋可用报纸做成,大小比果穗稍大些(过小会造成果实发育畸形)袋口应封在果穗枝上缚牢。

3. 除袋时间

在采收前期,除袋时要小心,以免碰伤果实。

五、土肥水管理

(一)土壤管理

1. 深耕熟化

在 11 月中下旬进行一次全园深耕,深度 20 厘米左右,红黄壤丘陵和山地酸性土,要结合深耕普撒石灰,每 667 平方米

100千克,相应提高pH值。

2. 幼龄葡萄园的行间间作

幼树间可种植草莓、花生、甜椒、矮生蔬菜和绿肥等。前提条件是不妨碍幼树的正常生长。

3. 成龄葡萄园的地面管理

一年中根据杂草发生和土壤板结情况进行数次中耕。一般采取株间清耕、行间除草相结合的方法。在清明至梅雨季节期间,由于田间杂草生长快,应视情况喷一次除草剂,梅雨后再喷1~2次。

(二)排水与灌溉

藤稔葡萄最适宜在年降雨量为600毫米左右,且雨量分布均匀的地区种植,其余地区只要做好雨季排水和旱季灌水工作,栽培藤稔葡萄仍可获得较高经济效益。

1. 排水

由于南方雨水大多集中在春季和梅雨季节,平原地区的园地,易造成内涝积水,严重影响葡萄的生长。因此,为做好雨季的排涝工作,必须使园地内沟沟相通,达到雨后畦面干燥快,畦沟不积水的要求。在冬季要整修排水沟渠,夏秋季清理沟内杂草和泥块,保持沟渠畅通。

2. 灌溉

(1)灌溉的目的。水是组成植物各个器官的重要组成部分,同时又是树体营养物质运输的媒介。水对于葡萄植株的整个生长过程都相当重要,干旱缺水会造成葡萄植株生长发育不良、果形偏小、早期落叶和树势衰弱老化等。因此,栽培中必须掌握藤稔葡萄生长过程中各时期对水分的需求规律,结合当地的土壤含水量变化特点,安排好旱季的正常供水。

(2)灌溉的次数和时间,一般为三次。第一次在5月出现旱情时进行,第二次在梅雨后视旱情进行。第三次在持续伏旱、旱情严重的情况下进行。一般要求土壤始终保持持水量在60%左右。在采前半个月应停止灌水,以免降低果品质量。

(3)灌溉方法,以沟灌为主,使水分通过沟壁逐渐渗透,有条件的地区也可用喷灌等。

(4)灌水量,每次灌水量以达到湿润土壤深度40~50厘米(根群密集处)为宜。

(三)施肥

对幼树施肥只是为了保证其营养生长的需要,促使植株生长旺盛,扩大树冠,达到早结果、早丰产的目的。而对结果树施肥不但要保证枝梢等营养生长的需要,还要保证开花、结果等生殖生长的需要,因此在施肥种类和方法上就有所区别。

1. 幼树施肥

幼树定植前虽然已施了基肥,但多是迟效性肥料,当年不可能全部分解而被植株所吸收。因此,在生长期中,需采取薄肥勤施的原则,追施速效肥,保证幼树生长发育对养分的需

求。幼树施肥,应做到以下三点:

(1)第一次追肥的时间在新梢长至8~10叶后进行,以后每隔7~10天施一次。8月份前,一般以速效氮肥为主,8月份后,以磷、钾肥为主,到10月下旬为止。

施肥方法是将化肥溶于水中(或将化肥溶于淡人粪尿中)浅沟施。树小时浓度低些,1份化肥加4份水,树大时可用1份化肥加2份水。浓度过高易造成伤根。在每次施肥后,最好浇水一次,加快肥料的渗透,及时被根系吸收利用。

(2)在5月底、6月初(即第一次发根高峰前夕),进行一次重施肥,以有机肥为主。方法是在靠近葡萄根系的两侧挖一条深25厘米、宽40厘米的穴,用腐熟的家禽(畜)的粪加复合肥施下,每株施15千克左右,再加2%比例的化肥,然后盖土浇透水。此次施肥的目的是为下一步地上部生长高峰提供养分。

(3)除上述施肥外,每隔10天,在傍晚(或上午露水干后)进行一次根外追肥,但以傍晚时效果最好。用作根外追肥的肥料有0.3%的尿素、0.5%的磷酸二氢钾、0.3%氯化钾等。在缺素严重的地方,还需注意对微量元素的施用。

2. 结果树施肥

结果树必须保持营养生长和生殖生长的平衡,因此在施肥上必须采取科学的方法。

(1)催芽肥,萌芽前,追施一次速效氮肥,以促进枝梢和花穗发育,扩大叶面积,每667平方米施肥量15千克左右。

方法是结合松土,在植株的根际周围浅沟施。

(2)花前肥,开花前,施一次磷、钾为主的复合肥料,以满足开花坐果的需要。方法同催芽肥。此次肥要控制氮肥的数量,否则会造成枝梢生长过旺,影响开花受精。

(3)膨果肥,谢花坐果后(一般8~10天左右),每667平方米施尿素10千克,复合肥10千克,以满足幼果膨大的需要。

(4)催熟肥,膨果肥施后10天左右,每667平方米施钾肥20千克,以促使果粒进一步增大,提高果实的含糖量。方法是先撒施土层表面,再浅翻入土中,然后浇透水。钾肥的施用不宜过迟,否则在挂果过多的情况下,对促进当年的果实成熟作用不大,同时使果实的抗病力下降,造成丰产不丰收。

(5)复壮肥,采收后,为了补充大量损耗的养分,需及时追施一次速效氮肥。隔半月后,再施一次磷、钾为主的肥料,以恢复树势,防止早期落叶,增强光合作用。

(6)除上述施肥外,藤稔葡萄还应重视对硼、锌等微量元素的使用。否则,会影响植株正常的生长结果。其缺素症状和矫治方法如下:

①缺硼症状:开花时花蕾不能正常开放,花冠干枯脱落,严重时引起大量落蕾,新梢顶端卷须干枯,节间变短,叶面凹凸不平或向背面反卷,叶缘和叶脉间出现黄化。

矫治方法:控制连续施钾肥,早春施硼砂,花前一周叶面喷施0.25%硼酸溶液加0.5%消石灰溶液。

②缺锌症状:新梢节间短,叶片小,叶脉间叶肉黄化,严重时干枯脱落,果穗形成大量无核小果。

矫治方法:在花前2~3周和花后数周叶面喷0.5%硫酸锌加0.5%消石灰溶液。

3. 秋肥

(1)时间,施秋肥是为了保证梢株第二年的丰产稳产,早施为好,最适时间在9月底~10月初。早施的目的是为了使施肥时损伤的部分根系愈合快,有利于根系的新陈代谢。

(2)施肥方法,以有机肥为主,加适量的速效氮肥。株施肥量为20千克左右。具体操作:在植株一侧(下年在另一侧,交替进行)挖一条深25厘米、宽40厘米的沟(随树龄增大而加深),将腐熟有机肥与过磷酸钙施入沟内(比例为100:1),与土相拌,加土覆盖,然后浇透水,此次施肥后,当年不需再施肥。

另外,采用高畦栽培的施肥方法是:除进行沟施外,还应在畦面铺约2厘米厚的有机肥料,然后覆土,增加畦的高度,连续几年,直至畦高40~50厘米时为止。目的在于促使葡萄抽生不定根,增加吸收面积。

栽培需用心

乒乓葡萄即藤稔葡萄,是日本神奈川县藤尺市青木一直先生以井川682X先锋杂交而成,为1985年注册的最新巨峰系新品种。浙江省金华市1987年首先引进试种。1991年11月,在北京"七五"全国星火计划成果博览会上荣获金奖。

本品种果穗大,均重500克,最大穗重达1000克。果粒着生紧密,果粒特大,平均在18克以上,最大达32克,圆至椭圆形,紫黑色,外形美观。果肉肥厚,易与种子分离,汁多味甜,有香气,可溶性固形物含量16%~18%,品质极佳,可供鲜食和制罐头。

该品种在我国南方地区5月初始花,6月初着果,7月中下旬果熟,属早熟品种。我国葡萄专家、浙江农业大学陈履荣教授评价说:"乒乓葡萄是我国葡萄业的希望。"因此,它在我国长江流域地区发展前景广阔,最适宜年均温10~18℃,土壤pH值在5.5~7.0的低山丘陵红壤、溪滩地种植,以肥沃、排水良好的沙壤土和壤土上种植最佳。一般每667平方米植150~180株,次年结果每667平方米收入即可达800~900元,利润为成本的5~8倍。

但是,有些种植户反映,引种后结出的葡萄并没有那么大。这主要是没有严格按照技术操作,管理较为粗放等原因造成的。因此,凡引种栽培者,要注意到该品种虽与其他葡萄品种有许多相同之处,但它有其本身特点,某些栽培技术就不同于其他葡萄品种,应根据当地实际情况,学习熊峰的栽培方法,以获得较大的经济效益和社会效益。

洒播美丽的使者
农家庭院花园前景好

2000年初春,一个阳光明媚的日子,四川绵阳市涪城区青义镇青羊村四组的一农家小院人头攒动,热闹非凡,中央电视台、四川电视台正在这里拍摄"美在农家"示范户专题节目,摄像镜头正对准节目的焦点人物——远近闻名的庭院花木种植专业大户刘圣全。

刘圣全,瘦高的个子,少言少语,乍看去貌不惊人,仅是一名普普通通的农民,却在青羊村是一位无人不知、大名鼎鼎的精明能人。今年30而立的他,已是拥有一幢小洋楼的富裕型"小康户",这全凭他五年来日夜的操劳,长计划、巧安排,科学的管理、辛勤耕耘,依靠科技走出了一条创业致富之路,成为周围农民致富的带头人。

步入这个"小康户"前院,展现在人们眼前的是一尘不染的水泥地面,200余株枇杷、100多株铁树、400余株雪松绿得诱人,一溜儿排开的金橘树娇艳无比,开着白色小花的桂花馨香扑鼻,100余种叫不出名的花草,点缀其间,盛开的各色鲜花绚丽多姿,满园蜂飞蝶舞。而那株株蕤葳苗壮的果树经修剪后焕发了新姿,新种植的名特新优果树苗木生长旺盛,一派生机盎然的美景,活脱脱一个漂亮的家庭式公园。

刘圣全以前是从事货运的。1996年又改行做防水涂料工程,是属于敢闯敢干的那类人。当时,农村里有文化有知识有力气的都出门打工,还有的在外经商,就是很少进农门,刘圣全就在这个时候却掉头以土地为本,选择了庭院园艺种植业,他想用科技之锄,愚公毅力向土里"刨金"。有远见眼光的他认为,庭院园艺种植在以后一定会是一个很有前途的行业。

主意一定,他便开始四处买农艺书看,到处找专家指教,还专程到外地边打工边学艺,硬是在较短时间把技术带回了家。同时,又购买了几百棵优质枇杷树和各种名贵花卉,边学边干,于是在青羊村创办起了第一个农家庭院小花园。精心的看护管理,治虫防病,整枝修剪,灌水施肥,使花木、果树长势喜人,同时他又从书店里买了一摞有关的果树嫁接、种植书籍,刻苦钻研着新方法、新技术。

庭院经济的项目也接受市场的选择。比如他栽的枇杷,上市第一年每千克卖到8元,第二年降到6元,第三年跌到4元以下还难销。这个现象让他认识到,搞果树也要讲更新换代,品种在不断的退化,口味在变化,市场喜欢新,要以新品种、高品质取胜,才能在市场中站稳脚跟。自此以后,他便不断拓宽园艺经营项目,不断进行优胜劣汰。目前,光枇杷,他就先后引进了30多个品种,在比较中进行吐故纳新,所以他的枇杷和其他果树与别人比有两点优势,一是产量高出几倍;二是牌子响,只要说是刘圣全庭院里的,都能卖个好价。他自称这就是"人无我有,人有我精"的精细农业之道。

1997年,当区上刚开始推行"文明在农家"活动时,刘圣全对自己的庭院经济产业很有信心,为了尽快以"学、富、乐、美"来装扮自己的生活,于是他便把家中0.2公顷多长势正好的庄稼给铲了,种上了各种花草、苗木。当时,他的举动被家人和邻居视为"疯子行为"。家里人顾虑重重,认为上好的田不种粮食,种那些不能当饭吃,又不能当柴烧的东西,父母都说他是一个败家子。走"商品农业"致富路需要的不仅仅是勤劳,更需要的是勇气,刘圣全就是这样一个有勇气和胆识的人,生性坚忍不拔的他,认准了的路就会锲而不舍地走下去。他一定要让自己所种的花草产生高的经济效益,好证实给大家看:他不是一个败家子,而是走的一条致富之路。

于是,刘圣全干劲十足,成天呆在花丛中,修枝、除草、浇水、施肥。为了加强对花木病虫害的防治,他翻山越岭,访遍方圆百十千米有一定经验的行家,向他们请教,掌握了过硬的技术,有效地控制了病虫害的发生,提高了花草的成活率和观赏价值。熟悉刘圣全的人都知道,他身上随时都揣着一个小本本,上面密密麻麻地记着一些被他视为"命根子"的东西,这些都是他大胆实践,不断探索和总结出来的在书上找不到的花木扦插繁殖秘诀。经过实践,他在果树、花木修剪、肥水管理、摘心换盆、病虫防治等方面均有了独到的见解。近几年,他又多次自费到绵阳、成都等地规模较大的花卉种植大户去参观、学习、请教。一方面学习技术,另一方面接受新鲜事物。功夫不负有心人,短短几年时间,他的家庭公园终于带来了丰硕的回报,年平均收入达5万余元。

"刘圣全富了,有钱了!"是啊,但刘圣全曾付出了多少代价、多少汗水又有多少人知道呢?他白天、黑夜、雨天、雪天都护着花木,观察苗情生长变化,成天蹲在庭院里,顶着严寒酷暑,精心护养那些他视为"宝贝"的花草,刘圣全的胆识+勤劳+毅力+科技造就了他的成功,敢于去闯,抓住机遇,看好花卉行业,在人们生活水平日益提高的情形下,抓住人们需求的不仅是物质生活,更需要精神生活的趋势,去开拓自己的事业。

刘圣全靠勤劳和科技致富后,成了远近有名的忙人。不少农民请他指导发展庭院园林园艺栽培技术,他有请必到,并认真传授实用技术。他说"青山养育了我,我要让青山永长青,要让父老乡亲都富起来。"刘圣全不只是这么说了,还认认真真地履行了自己的诺言,他除了经营好自己的庭院外,还举办家庭庭院园艺栽培技术辅导班,为村民讲课、进行田间辅导,并把自己掌握的实用技术和成功经验手把手地传授给乡亲们,学员遍布全乡各村、组。有的农民由于文化低,难以掌握技术要领,他就亲自到果园、花圃手把手地教,不厌其烦的讲解,果农、花农不点头,他绝不会离去。几年来,刘圣全为全乡200多户庭院花卉种植户和外地的农户免费提供技术咨询、培训达千多人次,对那些无资金、无技术的贫困农户,他还无偿地为他们提供嫁接幼苗、农药,并上门作技术指导,在他

的带动和帮助下,他所在的青羊村,1999年新发展庭院花卉种植大户10余户,仅此一项就为青羊村父老乡亲人均增收150余元。

2000年底,刘圣全在他家中举办的一次农户培训会上,深有感触地说:"以前我种了十来年的玉米、洋芋,总收入还抵不上我近两年的庭院花卉经济。要想致富,就要顺应市场,调整农业生产结构,了解消费者所需,市场所求。同时,要认准科技是第一生产力这个道理,始终依靠科技发展农业,才能立于不败之地。"

刘圣全是一位有头脑、靠科技致富的农村青年。在2000年底,经农户推荐、群众互评、村镇审核,他被评为"文明在农家"四星户,他带领周围村民致富的事迹在当地也传为佳话。

探索花木扦插新技术

当我们要来刘圣全身上揣着的那个"小本本",展开一看,原来被他视为"命根子"的东西,全是一些花木扦插繁殖技术。现整理出来公布于众。

一、做好扦插床

扦插穗条的床上必须干净无菌、不板结、较疏松。做好1~1.5米宽的插床后,将无草和石块的冲积土或挖取地面20厘米以下的黄心土打碎过筛,与1/3至1/4干净的细河沙拌匀，铺在插床上，厚 6~10 厘米（根据插条长短增减）。用 1/500~1/1000 高锰酸钾液浇透扦插层消毒备用。原用过的插床在挖松并清除草根等杂物，用 0.5%~1% 的甲醛水喷后盖薄膜消毒后仍可再用。

二、采剪穗条

（一）采种条

各部位的枝条扦插成活率不一样。一年生苗木上的枝条成活率高于多年生树上的一年生枝条；花木基部萌芽条高于上部枝条；一年生枝条高于已木质化枝条。因此，花木扦插用枝条，最好选用幼树上的一年生半木质化枝条。

（二）剪插条

插条一般长 10~20 厘米，2~4 芽，有叶的剪去下端 2 片叶，留上端 1~2 叶，太嫩的梢条不用；短穗扦插的插条长 5 厘米左右。剪时要用利剪、利刀，使剪口平滑不破裂。下端切口在芽下 1 厘米左右。剪后整数成捆，把下端浸入选用的生长素药液中处理。

（三）生长素处理

一可选用 ABT 生根粉 1 号、2 号、6 号、7 号 50~100 毫克/千克溶液浸泡 2~12 小时，难生根的花木如桂花、玉兰等浸泡时间要长些，也可用上述生根粉 200~500 毫克/千克浓度浸泡几分钟后即扦插。二可用萘乙酸 20~50 毫克/千克液浸 12~24 小时，或 1000 毫克/千克液浸 5 秒钟后扦插。插条下端浸入药液中深度为2厘米左右。

三、扦插时间

扦插以春插、夏插、秋插为主;又分硬枝扦插和嫩枝扦插。春插时间在2~4月,采上年枝条、萌芽条扦插;夏插一般在5~6月,采当年发出的半木质化的嫩枝条、萌条扦插。实践证明,在本地自然气候条件下,以夏插和秋插最好,春插用于草本花卉最多,大型木本花木以秋插为宜。

四、扦插方法

根据插条长度和地上地下长度,一般落叶花木宜深插,常绿花木浅插。插条下端插在消毒过的插层土内,离下层土壤约1~2厘米,这样切口不易感染病菌腐烂,生根后易长入下层肥土中。插时要用与插条粗细大小的竹签或木条先打洞,将插条轻放入洞中,然后压紧土壤,使插条与土壤紧密接触,并整平插床。

五、插后管理

（一）搭荫棚

嫩枝扦插和难生根的花木要搭荫棚。荫棚高1.8~2米,以方便人在棚内行动为宜。棚下每床盖拱形薄膜。如条件有限,也可不搭棚,直接用黑色塑料纱布搭成拱形覆盖。

（二）温、湿度管理

关键是扦插条土壤湿度管理和扦插初期温度调节。土壤太湿、积水易发病，插条下端发黑霉烂，温度高和土壤干燥时插条易枯死，特别是夏季高温和嫩枝扦插更要注意天天浇水降温保湿，除注意土壤保持湿润外，还要注意叶面和薄膜面上喷雾降温。能安装间隙式自动喷雾保湿降温设备更好。同时，严格注意病害和虫害的预防和治理，并及时除草。

一般扦插15～30天生根，根系长2～3厘米时基本成活，长至5厘米左右时，扦插苗抗旱、抗腐烂能力明显提高，遮荫设施可逐步减少，增加透光度，并加施稀薄肥水提苗。春插苗和夏插苗秋季即可扩床移栽，秋插苗次年春季扩床移栽，以培育大苗出圃。

发展庭院花木好处多

发展庭院花木业，不但可以美化环境，建成园林式农家庭院，而且也是农村致富的重要途径。庭院花木种植大户刘圣全，凭着长计划、巧安排、科学管理、辛勤耕耘、依靠科技，走出了发展庭院花木致富的成功路子，成为全国学习的典范。他的成功经验、探索的科学技术，适用于各地区广大农村，有广阔前景，并且投入不大，利润可观，在当前城乡广泛兴起园林绿化，改善生态环境的高潮中，更是值得学习和提倡。但是，在发展庭院花木业中，也必须注意以下几个方面的问题：

一是要发展优良品种。不管是草本花卉还是木本花木，常规品种在市场上销售困难，而新、奇、优的品种，如超级玫瑰、丰花月季、比利时杜鹃、郁金香等销势很旺。同时,要多培育大规格的花木,如雪松、铁树、小叶榕、天竺桂、香樟等,以适应城市绿化需要。

二是要大力推行科学种植。除常规种植技术、整形修剪、病虫害防治等外,还要学习和推广花卉反季节生产、生长调节、花期自控、无土栽培、设施栽培、切花制作等方面的技术。同时,开展集自然美与艺术融合,源于自然,又高于自然,具有诗情画意的盆景培育与制作,把园林艺术推向较高级的阶段。

三是加强市场营销。随时了解和掌握花木业方面的信息,一方面根据市场需求,调整品种结构;二方面适应市场开展营销。一家一户的花木种植和销售,难以形成规模效益,因此,为加强营销,种植花木者应联合起来组建股份制花木公司,推动花卉业向产业化方向发展。

庭院花木经济是农村经济中的一个很重要的分支,随着人民生活水平的提高,爱花、育花、赏花已成为城乡人的一种生活时尚。在发展农村经济中,希望出现更多的专业化生产、规模化经营、企业化管理的花木种植大户,让美丽的事业长足发展。

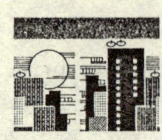
经风雨　见彩虹
他靠蘑菇致富

　　一个人若想要成功,最害怕的就是缺乏勇气和信心,失败是人的一生中难以避免的。关键是你如何去面对失败,跌倒了就得爬起来,冬天里的失落必须在冬天里找回,今天你遭受了失败,今天你就得重新奋起。

　　每年七月对于上千万莘莘学子是一个充满挑战和决定命运的岁月。几年的寒窗苦读都只为了那几日的高考,高考对于农村的孩子尤其重要,农村人总是把它看成是决定人一生是否有前途的关键。他,余峰,是一个从1979年高中毕业到1987年参加高考一连补习了8年都落榜的四川三台县农村青年。当初他凭着比较任性与固执的性格,一心想考大学,跳出"农门",结果还是名落孙山。当时,他真的万念俱灰,几乎丧失了对生活的信心,最终还是老师、家人和朋友帮助他走过了这段难熬的日子,他现在终于明白了当年老师的话:"一个阶段的失败并不能代表一个人的一生。"

　　是的,如果余峰当年因为考学的惨败而消沉下去,也许永远无法得到今天的成绩,是理智帮助了他。"作为大山的儿子,我就不相信自己上不了大学就没有出头之日"。这是余峰当时的想法,一直到现在,这句话一直激励着他在人生的道路上前进着,他自己能走到今天,全凭的是一股毅力。

1987年他回到家里的时候,当年绵阳罐头厂发展蘑菇生产,他觉得这是一个机遇,于是便买了一本《蘑菇新法栽培》,还买回有关食用菌方面的书认真学习。考学虽然失败了,但在学校里学到的知识却为他后来从事食用菌生产打下了坚实的基础。为了更好地掌握食用菌栽培技术,他到人民渠二处谭家坝仓库学习。在那里他学到了许多栽培管理技术,掌握了平菇、耳子生长需要的一定生活条件、营养条件与环境因素。后来他又走访了一些专家教授,参观了一些专业大户,觉得食用菌还有发展前途。

几年来余峰搞蘑菇菌种,规模数量一年比一年扩大。由于当时资金少,许多专业科研单位用的是高压灭菌锅,而他没有本钱就用土蒸锅,在制麦粒菌种时,水分总是拿不准。后来全靠借贷资金,他租了一家仓库,但1992年这家仓库又转卖给金山镇政府,他菌种没做完就得搬家,当年全部失败。那年余峰陷得相当深,信用社多次来催贷款,人穷时借钱借不到,请人干活也没有人来。家人、亲友都反对,劝他改行算了,但是他始终认为食用菌是一门有发展前途的行业,后来他又借钱在家屋后竹林盘打了一口土蒸灶,可接下来还是失败。

余峰知道创业之路并非是一帆风顺,经历过了几次失败,但他没有被失败的痛苦压垮,"一个阶段的成败得失并不能代表一个人的一生"这句话深深地印在他心里,他更坚信,人生总会苦尽甘来,尽管前面的路充满了荆棘和坎坷,但他仍义无反顾地往前走。冷静之后,余峰总结了经验教训,主要是设备差;又没有一个好的场地;制麦粒菌种,高压锅土蒸锅浸泡麦粒,含水量不一样。

全家人都反对他种蘑菇,而他当时却固执地种了667平方米,恰好当年市场行情好,每千克价4.8~6元,人们一下子就相信了,慢慢地菌种也有销路了。食用菌同作物栽培不一样,食用菌栽培易招致病害的侵袭,而且食用菌菌丝和子实体因无作物表面那样的蜡质层等组织保护,也容易遭受虫害的侵袭,他收集了许多食用菌栽培技术方面的资料,自学掌握了食用菌病、虫害的防治方法。

为了在激烈的竞争中立于不败之地,余峰不断增加固定资金和流动资金的投入。首先采用更先进的技术,使制菌种设备基本齐全,并修建了一个无菌室,采用更先进的超净工作台接种,大大降低了生产成本,提高了生产效率。他先后修建了三栋厂房,蒸锅由土蒸锅改成了推拉式自动化的铁蒸锅。在卖菌种过程中,余峰得出了经验:必须搞产、供、销一条龙的深加工。他便又请教了一位老专家,系统学习了盐渍工艺技术,鲜菇收购—等级划分—漂洗—杀青—冷却—盐渍—翻缸—调整液补充—装桶。紧接着他又增加了加工盐渍蘑菇的设备,同时可以利用这些设备向盐渍蔬菜方面发展,如榨菜、蒜薹、萝卜、青菜等,使固定资产利用率更高。

余峰致富不忘乡亲,在他的带动下,村里掀起了"学科学,用科技"的热潮,他发动当地农户种蘑菇,农户用种不付钱,蘑菇出来从中扣,他负责技术,负责销路,这样农户便不担心技术和销路,种得放心,到了 2000 年在当地种食用菌发展到 66.7 公顷,产值达 40 万元左右。完善的服务和可靠的信誉是余峰在激烈的市场竞争中生存和取胜法宝。他坦率质朴、办事认真的作风,对质量精益求精的科学态度和讲究信誉的经营措施,终于赢得了当地客户的信赖,为他们的食用菌开辟了一条销路。

成功后的余峰并没有停止不前,他又在作新的打算,他计划修一个冻库,用冷藏车运输,并准备设立多个直销点,国际国内市场两手抓,特别应该注意国内市场的动向,多角经营。

展望未来,任重道远,只有不停地执著追求奋斗目标,才会有成功的明天。

金针菇新法栽培与加工

一、袋堆积排放两头栽菇技术

随着金针菇生产的开发,袋栽方式和技术在实践中得到不断完善和发展。经试验结果,这种方法比单袋排放一头出菇放袋数量多,菇房空间利用率高,管理方便,投资少,成本低,效益高。

这种方法以室外地沟栽培为主。地沟长 15 米,宽 2.5 米,深 2 米,上面覆盖薄膜和麦秸以保湿、保温、遮阳。地沟内放栽培架,架子用竹竿制作,宽40~50厘米,分隔4~6档。将出菇袋口向外分层横排堆放4~5层,撑开袋口,让其两面出菇。出菇期间温度保持在10℃左右,相对湿度为80%~90%,有适度的通风和光照。

采用17×35厘米的袋筒,两头接种,用塑料绳扎袋口,棚内温度保持在20℃左右。当菌丝长到5厘米左右时,袋内代谢活动加强,需氧量随之增加,这时应把袋子两头扎紧的绳解开,松动袋口,适当通气,以促进菌丝健壮生长。

采用地沟栽培有利于温度、湿度、光照、通气4个因素的综合调节,使金针菇在适宜的二氧化碳浓度下产生很强的向光性,促使柄快速生长,抑制菌盖开伞,减少基部茸毛的产生。

开袋的前一周,关闭地沟通风口,做好保温工作,在适温下促进菌丝充分成熟。开袋现蕾后,把温度降至6~8℃,抑制菇蕾生长,使同批菇蕾的生理成熟度保持同步。3~5天后恢复出菇温度8~14℃。

定期向地沟四周、地面、空间喷水。开袋初期,定期打开地沟的通风口通风,降低二氧化碳浓度,以刺激菇蕾产生。当子实体长至2~3厘米时,将菌袋两头袋口拉直,当作套筒使用,同时也是增加二氧化碳浓度的一项措施,有利于菌柄伸长。中后期视子实体生长情况适度通风,但要防止二氧化碳浓度太高,产生针头菇,影响金针菇的产量和商品质量。

在地沟棚顶每隔2米开30平方厘米的透光区,产生垂直光源进行微光诱导,促进子实体向有光处生长。

第一潮菇采收后袋内失水,此时可用注射器将水注入袋内,或直接将水灌入袋内。但袋内不能积水,要及时将多余的水倒干净,否则会引起培养料的腐烂而不出菇。

二、病虫害及其防治

(一)病害

1. 针头菇

子实体呈胡须状,无菌盖,顶端尖细,中下部稍粗,形似针头,故称针头菇,发生的原因主要是由于菇房通风不良、二氧化碳浓度过高。此病常发生于环境空气不畅通的地沟、地道。发生后应立即加强通风,降低二氧化碳浓度,可把覆盖物掀开,待菌盖发育正常后按商品菇的栽培管理方法管理。

2. 联体菇

其典型症状是在子实体上又长出数个乃至十几个孪生菇。菇体发育小,呈胡须状。主要是由于长时间的高温环境造成的。预防措施是加强科学管理,注意菇房的通风、通气。

3. 疲软菇

子实体不挺直,东倒西歪。通常发生在菌柄中下部,发生后菇体停止生长,最后萎缩死亡。发生的原因是生长期温度偏高和缺氧,致使子实体的正常生理活动受阻,导致组织细胞失去正常的生理功能而造成坏死。预防措施是按照子实体发育的不同阶段,采取催蕾、抑制等科学管理方法,并要注意通风养菇,使子实体坚实挺直。

4. 扭曲菇

表现为菌柄弯曲和扭曲。严重时菌柄似麻花状,失去商品价值。此病发生的原因:一是与品种有关,白色菌种较常出现;二是菇房光线多变,没有按照要求保持黑暗;三是菇丛密度过大,影响生长空间。预防措施是早期现蕾时见菇蕾密度大应进行疏蕾;菇房光源要集中,四周黑暗,顶上吊灯,让子实体往上伸长,不向四周长,这样可减轻扭曲现象。

5. 早开伞

即菌盖还未形成商品菇时就开伞。早开伞的菌盖容易脱落,形成无菌盖的光柄菇,影响质量。发生的原因:第一,品种有关。有些生育期短的菌种常出现这种现象,因此,在选择菌种时,这样的菌种不能使用。第二,通气太大。要控制好二氧化碳浓度,减少通风和氧气的供应。第三,培养料中的供养失控。一些生育期短的品种,菌丝未发到底就已出菇,使子实体所需的养分不能正常供应。有的培养料含水量不足,造成营养运输困难。早开伞尤其在第二潮菇更为严重,这是因为袋料中的营养消耗过多,无法满足菇体继续生长的要求。预防措施:在制种时一次性加大培养料含水量,在配方上辅料的比例不能低于25%。另外,在转潮期如袋内水分不足(手拿菌袋,感觉很轻)时应补水,并在补水的同时添加0.5%的尿素以补充营养,调节养分供应平衡。

(二)虫害

危害金针菇的害虫有眼菌蚊、菇蝇、螨类等。它们的形态特征、生活习性及发生规律、防治方法,请参阅《食用菌病虫害防治》。

三、金针菇的采收与加工

（一）金针菇的采收

金针菇的主要食用部分是菌柄,因此菌柄长且嫩的为优质品。采收的标准为菌盖开伞度30%左右,菌盖直径2厘米之内。菌柄长度13~15厘米。采收太早产量低,从经济上考虑不合算,若待菌盖完全开伞才采收,虽然产量高,但外观差,菌柄变褐,基部茸毛少,不符合商品菇的要求。所以,即使作为鲜销,也应掌握在60%~70%开伞时采收。

采收时,一手握住菌袋,一手把菇丛拔直,基部附带的培养料用剪刀剪去(剪齐)。采后的菇要平整地装入筐内,放在暗处以免见光变色,并要防止装量过多,压碎,影响质量。采收后要把袋内的残余菌块、杂质扒掉,如袋内失水要进行补水,再覆盖报纸养菌,经过10~20天便可采收第二潮菇。以生料床栽的,在采收之后要将床上散乱的菇根扒掉,轻喷水,再覆盖塑料薄膜,直至菇蕾长出才停止在床面上喷水。喷水时要注意不能使床面上有积水。

金针菇的采收潮数,视品种而异。乳白色至全白色的菌株(统称白色金针菇)一般只采收二潮;黄色金针菇可采收三潮。

（二）金针菇的加工

1. 金针菇保鲜

金针菇以鲜菇的风味最佳,一般以鲜食为主。但因鲜菇保存时间短,给销售带来困难,尤其是金针菇大量上市之时,市场往往出现供大于求的现象,为此金针菇保鲜应运而生。经试验,采用保鲜薄膜袋在15℃下能保存5~7天。

(1)原料:鲜金针菇、保鲜薄膜、保鲜剂(柠檬酸、焦亚硫酸钠、维生素C均可作保鲜剂)。

(2)加工方法

①整理 选择成束新鲜、色泽好、开伞度在60%以下的金针菇,剪去基部须根。

②装袋 选用具有保鲜功能的透明薄膜袋,加工成可装0.15千克、0.25千克、0.5千克不同规格的袋子,并在袋内加保鲜剂0.5克。然后将整理好的金针菇装入袋内,袋内附上标签,抽气封口。

为便于运输,一般采用硬纸箱作为外包装,每箱20千克左右,箱壁开有适量通气孔。当地运输用塑料筐即可。

2. 金针菇青汁制罐

(1)原料:选用新鲜、开伞度小于60%,菌盖直径1.5厘米左右,菌柄长12~15左右,全部白色或菌柄基部1/3呈浅黄色,嫩而脆,菇形完整的新鲜金针菇,剪去菇根,再切去浅黄色菌柄基部的褐色部分。

(2)清洗、护色:用0.05%焦亚硫酸钠溶液漂洗,将棉籽壳、泥沙等杂质清洗干净。再用流动水冲洗,洗去残存的焦亚硫酸钠溶液。

(3)杀青(预煮):杀死菇体细胞,抑制酶的活性,以防金针菇子实体衰老和变色,并使组织软化。具体做法是将金针菇装于竹篮中,使其沉入5%食盐沸水(100℃)中,煮3~5分钟,捞入清水中充分冷却。

(4)装罐:杀青后装入6101号罐,净重284克,每罐装罐量155~160克。

(5)填充汤汁:每罐注入含有0.05%柠檬酸的1.5%食盐水(温度不得低于80℃)约130毫升。

(6)排气、密封:加汤后在温度为95~98℃的排气箱中排气6~8分钟,使罐内中心温度达到80℃以上。排气后立即加盖密封。

(7)灭菌、冷却:将装有罐头瓶的杀菌筐,放入高压灭菌锅内在98.07千帕压力下保持30分钟。灭菌后要求在40分钟内逐段冷却到罐内中心温度40℃以下,并将罐上水气抹干净,贴标签。在35~37℃温度下培养5~7天,按出厂标准中的生物指标进行检验。

制金针菇罐头应注意以下两点:一是在加工过程中忌与铁、铜质容器接触,以防菇体变色。二是金针菇中含有丰富的多酚氧化酶,在加工过程中极易氧化而呈褐色,影响产品质量。控制褐变的方法:①通过预煮使多酚氧化酶受热失活;②将菇体的氢离子浓度降低到1000微摩/升以上(pH值3以下),使多酚氧化酶失活;③用0.1%抗坏血酸液喷洒菇体,放入冷库,在0℃下可贮藏24~30小时。

3. 金针菇盐渍

目前,盐渍金针菇出口势头看好。盐渍有高盐和低盐两种处理。

(1) 杀青:先清除金针菇的杂质和老根,后在锅内放入5%盐水,烧开后倒入鲜菇,边煮边翻动,使菇体受热均匀,煮沸4分钟左右(菇体在水中下沉即可),捞出后放入冷水中迅速冷却后沥干。

(2) 盐渍

①高盐处理 用盐量占菇重的40%~50%。先在缸底铺2厘米厚的食盐,然后倒入已杀青的金针菇摊平,厚度6~7厘米;再撒一层盐,铺一层菇。依次装满缸,在缸面上再撒一层盐封顶,压上石块等重物,并注入冷却后的饱和盐水,浸没菇体。为防腐保鲜,加入调整液(偏磷酸55%,柠檬酸40%,明矾5%,用饱和食盐水溶解)。

盐渍过程中,每隔7天左右要翻缸1次,一般翻3次。或在缸内插橡皮管,每天打气,使盐水上下循环,大约盐渍25~30天即可装桶存放。

②低盐处理 菇体杀青、冷却、沥干,放入配好的饱和盐水缸内,不再加盐,上面加压,使菇体浸没水内,加入调整液。这种盐渍菇适宜冬季储运,便于罐头厂脱盐,但不宜长期储存。

盐渍使用的盐必须是精盐,因为粗盐含杂质多,影响商品质量。

4. 金针菇干制

把新鲜的金针菇通过晒、烘等方法，使含水量降到10%~12%的干品。

（1）晒干：在太阳下晒2~3天即成。此法经济、简单，成本低，但含水量偏高，不耐贮存。

（2）烘干：把新鲜金针菇放入烘干房（机）进行烘烤，使其干燥。烘干速度快，品质好，但成本高，适用于大规模生产。烘干的菇体含水量低，耐贮存。

烘干房（机）要预先加热到40℃，4小时后再调到60℃，继续烘干2~3小时即可。同时，要注意烘房（机）的通风换气，如果排气不良，菇色易变黑，影响品质。

5. 金针菇等外品、下脚料系列产品开发

金针菇的等外品以及上述加工过程中的下脚料，为金针菇的多层次开发利用创造了条件。现介绍以下几种开发产品：

（1）醋汁金针菇：将等外金针菇清理、除杂质，切成小段，在清水中清洗，投入配有硬化剂的水池中，使之硬化，从而使产品具有脆性。硬化后清水漂洗，在100℃沸水中杀青1~2分钟，迅速冷却，装瓶，同时加入添加剂和米醋，加盖封口。

（2）腌金针菇：将制罐时剩下的碎菇洗净，沥干水分放入缸内按菇与盐比为10∶1加入食盐，腌4~5天，取出摊开，置通风处晾至八成干，再用盐和五香粉拌匀后装入干净的坛内，压实后封坛口，10天即可取出分装，供应市场。

食用前，先用温水浸泡一下，然后放入沸水中烫片刻。可

热炒,亦可凉拌。

(3)金针菇蜜饯:可将次等菇或加工罐头后的下脚料加工成蜜饯。其方法是将原料洗净,在100℃沸水中烫1~3分钟,冷却,沥干水分。然后浸泡在40%的糖液中,冷浸3~5小时,再加入1%的柠檬酸,至糖液浓度达70%左右出锅。加工出的金针菇蜜饯呈金黄色、透亮。

(4)金针菇"赛龙须"利用金针菇的根须为原料加工成罐头食品,其形状似龙须菜。其方法是将金针菇的根须除去杂质,冲洗,捞出摊开晾干水分,把根须分层放入缸内,一层根须一层盐腌制5天左右,分装罐头,加盖封口,质检后即为成品。

食用之前,先以冷开水漂洗,冲去多余的盐分、沥干,入油锅煸炒,加适量糖。可冷食,也可炒后即上桌。

坚持"两手抓"发展珍稀品种

余峰在一次次失败中奋起,执著追求奋斗目标。同时,坚持种植、营销"两手抓",精益求精的科学态度和讲求信誉的经营措施,才有了成功的今天。他总结出的"金针菇袋堆积排放两头栽培技术",具有很强的科学性和广泛的推广价值,由于成本低投资少,设备简单,在广大农村中,不管什么地方、什么人都可以学习应用,收到好的效益。

当前,食用菌栽培遍布全国各地,已发展成为一个新兴产业,是广大农村,特别是老、少、边、穷地区人民脱贫致富奔小康的好项目。

但近年来,由于市场疲软,品种不新,食用菌经济效益滑坡,菇农种菇积极性受到严重挫伤。如何使食用菌生产走出低谷,再创辉煌?业内人士认为,应调整食用菌生产品种结构,加大珍稀品种开发力度。

据市场调查,美国、日本、新加坡、欧共体、香港及内地沿海大中城市,珍稀食用菌如杏鲍菇、真姬菇、鸡腿菇、巴西蘑菇等十分走俏,产品供不应求。这些食用菌都是近年栽培成功的野生菇,不但味道鲜美,营养丰富,还有很高的药用价值。农民朋友在发展食用菌生产时,应选择上述这些珍稀品种。因为它们有以下共同的特点:一是味道鲜美,口感极佳,具有很高的营养和药用价值,符合现代人对食品的要求;二是商品形象好,消费者容易接受;三是能烹调出几道至几十道各具特色的佳肴;四是栽培技术不难,凡是栽培平菇、金针菇的菇农都能生产,既可自然温度栽培,也可进行工厂化生产;五是既能鲜销,也可加工成干制品,国内外市场广阔,且价格比平菇、金针菇、香菇高出了3~6倍。

种菜走上致富路
无公害种菜致富快

钟太明,一个浑身飘溢着泥土气息的普通农民,不仅自己走上了致富道路,自担任四川省绵阳市涪城区龙门镇的村团支部书记以来,用科技兴村,经过几年的艰苦奋斗,带动昔日的贫困村走向了"小康示范村"的道路。钟太明向大家讲述了一个他用科技创业致富的故事。

钟太明出生于一个以种粮为生的农民家庭,这里的农民祖祖辈辈以种田为主,村里的人们没文化、没技术,找不到致富门路,家家户户生活相当困难。父母勤劳善良的品质激励他从小就养成了吃苦耐劳、不怕困难、善于学习和思考的习惯。现在他仅种植蔬菜一项的年收入就在3万元以上,过上父辈们从未有过的好日子。

初中毕业那年只有16岁的他,为了减轻父母的负担,毅然放弃了上高中考大学的梦想 在家里帮助父母干一些农活。面对村里的贫穷面貌,他总觉得自己有责任和义务寻找一条更快的发展之路,带大伙早日致富。1988年他参加乡农校举办的实用种植、养殖技术培训班,通过一个多月的学习,便初步掌握了种植西瓜、番茄和饲养生猪、家禽技术。培训结束后,他带着激动的心情,向父母要了100元钱买回8头猪,以为从此可以大干一场,然而在饲养3个月后,当猪平均生长到60千克左右时,一场突如其来的猪病一下就死了3头,最后不得不以赔本而告终。

当时他伤心了好几天,但失败并没有使他丧失斗志和信心,同年11月他又开始栽种平菇,经过自己的刻苦钻研,辛苦努力,平菇种植获得了成功,且利润在一千元以上。也就是在1988年11月份,他从乡有线广播上得知泸州市"番茄大王"将在游仙镇举办番茄栽培技术培训班的消息,便前往学习了一个星期,通过学习基本掌握了番茄的栽培技术要领。回到家后,他双管齐下,一面继续搞平菇种植,一面大力发展番茄生产,这项技术使他回乡3年便赚得5万多元,修起了全村当时最漂亮的楼房,成了在当地小有名气的钟万元。

1993年冬天,他把所有水源好的责任田全部翻耕出来,以备早春大干一场,1994年2月他种了0.2公顷番茄,番茄长势特别好,好像预示着要给他一个开年红,可是当番茄全部成熟时却使他由喜变愁,当时绵江公路正在封闭施工,机动车不能通行,他的番茄只能靠自己和妻子两人用自行车推往江油卖,由于路烂且施工车辆又多,每次出门不是晴天一身灰,就是雨天一身泥。这一年里他付出的代价最多,但收获却并不乐观,致使他产生了改行的念头。1995年初他没有种菜,而是花1万余元买回了一辆农用三轮运输车,从事蔬菜的贩运业务。由于绵阳与江油两地蔬菜价差大,且搞贩运的人相对较少,这一年他获利颇丰,1996年他便又投入了18000元在成都购回一辆农用三轮车,这一年由于蔬菜价格很低,两辆车子收入只相当于头年的一辆车子。1997年贩运蔬菜的生意更不景气,一年下来,银行没有一分存款,严峻的现实使他不得不决定再次改行。

在贩运蔬菜期间,经常往返于当时的蔬菜主产区石马、塘汛等一带,他学到了许多蔬菜种植的新技术和经验。利用这些技术和经验他又搞起了大棚蔬菜的种植。他选用优良品种,采用遮阳网栽培技术,选用具有耐低温、耐弱光、抗高温、耐湿的早春菜、夏秋菜,提高蔬菜的产量与品质。并用嫁接技术,使黄瓜、冬瓜提早定植,提早成熟,并可以增产20%~30%。他在大棚内种上了番茄、茄子、黄瓜、四季豆,这些菜在当年的5月1日前全部上市。6月初又开始栽培夏秋菜,即在番茄地上套种茄子、辣椒、黄瓜、四季豆。这一年他把书本上所学的知识充分运用到生产实践中,不定期请石马等地一些老菜农进行指导,所种的蔬菜获得了较好的收成。技术上的成功使他更加坚定了走蔬菜致富这条路,1998年他扩大种植面积,将自己的0.2公顷承包地全部种上了蔬菜,又向别人租用0.13公顷土地种蔬菜,栽培品种也由三四个增加到七八个,这一年春季大棚菜无论是经济效益,还是社会效益都名列全镇前茅。

1999年也是他喜事最多的一年,三月份他当选为村长。他向全村村民承诺:不会只管自己富,而是要带领更多的乡亲们共同走上致富的道路。为加快全村的生产步伐,扩大种植面积,他积极协调多方面关系,主动争取镇上支持帮助,3月份带领全村村民对本村的道路进行了规划、修整,使蔬菜能够及时运得出去,生产资料能及时运进来。不久后,镇政府已决定出资,该村出劳的办法,改善全村的灌溉条件。基础设施进一步完善后,他便计划下年扩大全镇的蔬菜种植面积,带领全村村民在蔬菜栽培致富路上走得更快些!

是科技点燃了脱贫致富的希望之火,他知道致富必须走科技兴农的路子。因此,他自费订购了《信息之窗》、《农家科技》、《蔬菜栽培》、《植物病虫防治》等几十种报刊和书籍,并在村上建立了科技服务站。

蔬菜的生产魅力无穷。"要在0.33公顷土地上找钱,种蔬菜就是最好的项目",这是他的看法。目前,全村仅商品蔬菜种植面积就达到6.67公顷,蔬菜品种也发展到28个,占领了大部分市场,并远销县外各地、种植技术也采用立体利用土地等新技术。如今,商品蔬菜生产已成了当地治穷致富的一大支柱产业。当然如果没有党的富民政策,没有当地党委、政府的关心、支持,也就没有他们今天的好日子。

下面,把他种无公害蔬菜的技术告诉农民朋友——

无公害蔬菜种植技术要点

一、选用丰产、优质、抗病品种

选用良种是防病增产的最经济有效的办法,例如大白菜品种鲁白3号、鲁白6号、山东9号等较抗病毒病、霜霉病、软腐病;黄瓜品种津研3号、津研4号、津研6号等抗霜霉病;长春密刺、津研7号等较抗枯萎病;番茄品种美国大红、双抗2号等较抗叶霉病、病毒病。应当注意品种的抗病性也是相对的,在生产上常因生理小种的变化而失去抗性,因此,必须因地制宜地选用丰产、优质、抗病的品种。

二、强化栽培管理措施,减轻病虫害的发生

菜园地首先应是远离城镇工矿业的污染源,且地势平坦、水源条件好的地块;要深耕改土,实行轮作、间作,改进栽培方式,及时清除田园的残株落叶及杂物,减少病虫基数;增施腐熟的有机肥,配合磷钾肥,适当控制氮肥;采用地膜覆盖,推广应用滴灌技术,以降低蔬菜大棚内的空气湿度,减轻病害,培育健壮植株,增强抗病性。

三、采用无公害栽培措施

(一)生态防治

在蔬菜大棚内,由于温差大,湿度大,有利病害发生,所以要根据棚内作物的生理特点,适时揭帘,并适度通风,调节温度,创造既有利于蔬菜生长,又抑制病虫害发生的条件。例如,黄瓜大棚内,白天保持温度28℃左右,晚上降到10~15℃,使之既不影响黄瓜生长发育,又能抑制黄瓜霜霉病、细菌性角斑病的发生。

(二)生物防治

利用生物农药防治蔬菜病虫,可以减少化学农药污染残毒。例如,BT 乳剂防治菜青虫、棉铃虫、韭蛆等;农抗 120 防治黄瓜炭疽病、枯萎病、白粉病等。

(三)物理防治

利用物理机械方法防治病虫,不仅成本低,而且无污染。例如,用黑籽南瓜作砧木搞嫁接,可以使土壤和空气中的病菌基本被消灭;利用某些害虫的趋光性进行诱杀等。

四、合理选择、使用农药

(一)合理选用农药

生产无公害蔬菜,应选用高效、低毒、低残留农药,如辛硫磷、多菌灵、百菌清、除草醚等药剂,致死量在 500 毫克/千克以上。3911、甲基 1605、久效磷、氧化乐果、磷化锌等,致死量在 50 毫克/千克以下,为高效农药。六六六、DDT 高残留农药,在蔬菜生产上应禁止使用。

(二)采用合理的施药方法

1. 适时用药

在病虫害最易消灭的时候用药,且两次打药时间要间隔 5~7 天;

2. 交替使用

针对不同地块、不同病害选择有效的药剂和合适的药量,且一种农药连续用两三次后应换药,交替使用;

3. 不能喷雾

大棚内施药要用喷烟剂法和喷粉尘剂法,不能用喷雾法,以有效地控制湿度,防止病虫害蔓延。

最好的项目

正如故事中的主人公钟太明所说,蔬菜的生产魅力无穷,是农村最好的项目。钟太明的成功就在于较早地认准了种菜比种粮划得来,并且开展了多个品种的无公害蔬菜种植,适应了城里"回归自然"的趋势,满足了人们对高质量"菜篮子"的需求。

无公害蔬菜属于绿色食品,应遵守绿色食品标准,本着低投入、高产出的原则,从菜田生态系统的总体观念出发,在加强植物检疫的同时,协调运用农业、生物、物理和化学等综合技术措施,创造有利于蔬菜生产和加工储运的良好生态环境,以生产达到安全和营养双重质量标准的高产优质无公害蔬菜,满足人们对蔬菜产品的各种需求,保障食用者身体健康。

根据我国绿色食品 AA 级的生产要求,在"生产过程中不准使用任何有害化学合成物质(化肥、农药、激素)"。这种高标准的绿色食品生产,一般不易做到。目前,我国所推广的无公害蔬菜生产只能达到绿色食品生产中的 A 级水平。因此,无公害蔬菜生产的基本概念和技术要求是:"为保证一定产量和效益,在不对生产环境产生污染和农产品体内有毒残留物质不超标的前提下,允许限量使用限定的化学合成物质"。

也就是说,无公害蔬菜生产,允许限量使用某些化肥、低毒农药和激素等,但蔬菜体内的有毒残留物质不能超过国家规定的标准。

无公害蔬菜生产虽然市场前景令人乐观,但生产基地要求严格,必须切实防止环境污染,包括防止大气、水质、土壤污染,尤其要防止工业的"三废"(废水、废气和废液)的污染,防止生活污水、废弃物、污泥垃圾、粉尘和农药、化肥等方面的污染。同时,对酸雨的危害,也需要有所预防。并且要加强检疫、病虫害预测预报、综合运用农业技术措施等。因此,投入较高,技术要求严格,凡要进行无公害蔬菜栽培的农民朋友,应充分论证,量力而行。

营造温馨家园
栽桑也致富

四川省绵阳市涪城区石洞乡戴家林村,自1994年以来,在村委会主任张珂的带领下,立足于山区实际,积极探索,在川北率先实现了农业产业结构调整。使全村的农业进步很大,1998年种桑养蚕,使当地农民人均收入达到2977元。石洞乡狠抓农业产业化建设,为贫困山区发展农村经济走出了一条增产增收的新路。

张珂,32岁,大专文化程度,自1995年以来连续被乡党委评为优秀共产党员,1997、1998年被评为"综合治理先进个人"。

石洞乡的村民人人都想致富,可就是找不到致富的道路。这里的农民都是收完这一季的粮食,眼巴巴等着进行下一个循环。张珂与乡党委及乡政府领导花了两个月时间深入基层调研,一次次上山入户的访问,一回回田间地头的攀谈,耳闻目睹石洞乡人穷,穷在农业结构太单一。张珂作为一个有知识、有文化的农村青年,希望能用自己的知识来改变这里的落后面貌。决定用调整农业产业结构来为大家开辟一条致富路。

农村人很纯朴,但也很讲究现实,你要他改变传统的耕作方式,他非要你先做出来让他看看不可。于是张珂带领一家人大力调整农业结构,发展家庭经济。他们辛勤劳动,默默耕耘,投入大量资金发展种养业,终于成功了。目前,已投产果树200余株,引进优良品种如:枇杷、桃子、柚子等,年收入4000余元;现在又新栽果树100余株;有桑园近0.13公顷,年收入4000余元;承包塘埝一口,采用科学养鱼,年养鱼2吨,收入达1.1万元,家庭副业搞得红红火火,全年人均纯收入达5100元。

张珂富裕了,他并没有忘记乡亲们,自从担任村主任以后,就在全村提出:要发展必须跳出传统农业生产方式的圈子,按农业产业化的思想抓特色经济。山区的发展"出路在山,成败在干",并制定出全村经济发展战略。思路明确了,关键在于落实,张珂便召开村组干部和村民大会,向村民群众讲解调整产业结构的重要性,并在各组进行试点,村民们亲眼看到张珂已经致富的经验,于是纷纷接受了他的致富方案。

张珂坚持党的方针政策,提高自身素质,用科学技术,根据本村实际和党在农村的方针、政策、开拓性地开展工作。自1994年以来全村大力发展水果生产,现有水果6.67公顷,主要品种有柑橘、枇杷、桃、梨等,新建了200余公顷的水果带,有收入近两万元的水果大户。1998年全村新栽"一步成园"桑树18.67公顷,成片栽植6片,最大的一片有6.67公顷,现在年养蚕700张。目前,全村种养大户共有20多户,户骨干项目年收入均超过万元。起到了以点带片,以片带面的作用,农民人均纯收入2977元,粮经比例达到3.5:6.5。下面向你

介绍张珂的栽桑新技术:

"一步成园"栽桑技术

一、合理规划

(一)合理规划

一步成园宜选择透风向阳、灌溉管理方便的一二台沙壤土地,桑园规模户要求集中在 2~6.67 公顷为宜,成片成带规划。

(二)合理间作

凡规划为一步成园栽桑地,大春播种(3月上中旬),空行内不准栽种玉米、棉花及其他任何作物,留好栽桑土地。

(三)整地施肥

3月上中旬,搞好栽桑地整理,对栽桑地内按照每667平方米用足60千克干肥,30千克油枯,15千克磷肥,30千克复合肥,开沟施足底肥,耙细整平。

二、科学育苗

(一)育苗时间

3月下旬~4月上旬,采用地膜覆盖方格育苗法,使用广东杂交鲜桑种,每床播种 0.05~0.075 千克,每个方块墩用竹签沾播 3~5 粒种子。

(二)苗床规格

苗床长6.67米,宽1.33米,用甲氯粉150~250克,稀粪水8~10担,浸泡搅拌土壤,耙细淌平,收汗24小时后,3厘米见方划格。播种后用细土粉掩盖0.5~1厘米。用竹板搭棚盖膜,薄膜四周用细土盖严。

(三)苗床管理

一是保温保湿。播种7~12天后,种子发芽出土。做到早晚喷水、保持苗床湿润,不能缺水泛白。二是防止烧苗,气温超过32℃,苗床上要及时搭建草棚遮荫。三是防治病虫危害。苗床易生炭疽病、猝倒病及虫害,一旦发现病害,及时用70%甲基托布津500~800倍或25%多菌灵800~1000倍液喷洒苗床,控制发病,发现虫害用40%乐果或敌百虫1000倍液喷杀苗床及外围四周,防治害虫。四是当幼苗有1~3片真叶时,要及时清除杂草。五是经过30~35天,幼苗达到2~3片真叶时,及时揭膜炼苗3~5天,有利排苗移栽。

三、建立桑园

(一)移栽技术

5月上中旬,苗床浸水24小时后,采用带土移栽,细土栽紧。推广"三座窝,一张膜"的先进栽培技术,即座窝稀肥,座窝药,座窝定根水,地膜全覆盖。

(二)栽植规格

1. 单行规格

133×50厘米,1000株/667平方米;133×33厘米,1500

株/667平方米;133×67厘米,750株/667平方米。

2. 宽窄行规格

(133+67)×67厘米,100株/667平方米;(200+67)×67厘米,1000株/667平方米;(133+67)×50厘米,1333株/667平方米,每667平方米栽750~1500株,成为高产优质高效型桑园。

3. 栽后管理

栽后10~15天,及时匀苗、定苗、补缺,确保全苗。巧施追肥,苗高17厘米以内,施用50%稀粪水,由淡到浓,每7天一次。苗高33厘米以内,每667平方米用5千克尿素提苗。苗高33厘米以上,大水大肥猛攻壮苗肥,6月下旬至7月上中旬,用干肥、稀肥、化肥、油枯、氮、磷、钾配方施肥,开沟施全肥,四肥齐下。九月份停止施肥,不打尖。同时,勤除杂草,勤中耕,勤施肥,勤治虫,勤抗旱,加强管理,确保当年冬芽接90%以上成活。

四、良桑嫁接

(一)选用品种

密植桑园选用湘7920、嘉陵20号、桐乡青、实钻11~6、堡坎61等新桑品种。

(二)嫁接

元月~2月,适用冬芽接技术,在幼树基部10~17厘米主干上,嫁接良桑品种2~3个芽,当年达到每667平方米

2000~3000根有效枝条。

五、快速培育丰产树型

（一）合理定型

1. 定主干

27~33厘米。

2. 定支干　两级支干，一级支干17厘米，二级支干10厘米。保持株平6~8根枝条，每667平方米产12500~3500千克桑叶，达到每667平方米桑养蚕5~7张，收入茧款2500~3000元。提前1~2年投产，形成丰产桑园。

（二）快速成型

在管理水平高的地方和重点大户，可采用元月冬接，次年5月在良桑离地33厘米处打青尖（剪去顶端优势），打尖后，勤打侧枝，春不采叶，重施夏肥，快速形成一、二级支干，提前2~3年成型投产。

（三）合理剪伐

采用春伐式剪伐，便于桑树复壮，保持树势健壮，形成丰产树型，在大面积管理上十分重要。

六、桑园管理

加强桑园管理，重点抓好施肥、治虫、间作、采叶、剪伐等管理。一是抓好采、养结合，注重留叶保条；二是抓好春、夏、冬三季施肥管理；三是抓住每年春防（3月中旬）、夏治（7月中下旬）、冬除（11月份使用低毒长效药物封园），这是桑园病虫防治的3个关键时期,四是合理间套作物,桑园中禁止间种高秆作物,可间作低秆高效蔬菜、药材和耐荫的作物。

桑树一步成园栽培新技术,是改革传统的秋栽桑方式,探索走费省效宏快速发展蚕桑的新路子,具有很强的科学性和实用性。这一新技术的全面推广,可节省大量人力、物力、财力,取得蚕桑最佳的经济效益、社会效益和生态效益。

传统产业有前途

种桑养蚕是农村的一项传统项目,在我国绝大部分省、区都适合发展。建国以来桑、蚕、茧、丝绸为农民增收和出口创汇做出了巨大贡献。但是,从1994年下半年开始的国内外需求萎缩,以及东南亚金融危机的影响,将丝绸业带入"数九寒天",一时间,不少地方农民砍掉桑树改种果树,使蚕桑生产受到很大影响。然而,本文主人翁却"不管东南西北风,坚持种桑养蚕不放松",不但自己带头栽桑,而且带动、指导全村农户种桑养蚕,使全村农民致了富,这种精神难能可贵,再加上推广先进的"一步成园"栽桑技术,因而取得了巨大的成功。

"一步成园"栽桑技术具有"三省、三高、三个当年、一提高"的优点。即:省劳力80%,省时间50%,省投资90%;出苗率高达98%,成活率高达95%以上,节省排苗地高达100%;实现当年春育苗、当年夏栽建园、当年冬季良桑嫁接,提前两年投产,具有很强的科学性和实用性,在蚕桑生产区具有普遍的推广意义,并且易学易掌握,人人都可以短期学会,熟练操作。

当前,茧价上扬,"西部大开发"、"加入WTO"以及国家退耕还林工程的实施,给传统产业蚕桑生产的恢复发展带来了新的机遇。广大农民朋友要抓住这个机遇,解放思想,更新观念,改进方法,发挥优势,加强基础设施建设,改善蚕业生产条件,提高综合生产能力,面向市场,依靠科技,优化品质,转化增值,把蚕桑生产这个传统产业推向可持续发展的新阶段,以尽快实现增收致富。

在奋斗中前进

种药材致富记

一位普普通通的农村妇女,用勤劳与智慧在杨家镇谱写了一曲奉献之歌,成了当地致富先锋模范代表。

杨碧玉才嫁到柏林湾村时,这里的群众过的是"月点灯,风扫地,米缸掀开是空的"的贫困生活,因境内有一座"九顶山",方圆几十里的群众就流传着这样一句顺口溜:"养女莫嫁九顶山,背兜背到光圈圈"。1986年杨碧玉被聘为柏林湾村小的幼儿教师,全家人靠着自己微薄的工资与丈夫外面打工辛辛苦苦挣回的钱来维持生计,劳碌终年,日子过得平平淡淡。

杨碧玉觉得自己是一名人民教师。在闲余之际,她买回《种花栽植技术》钻研,掌握了各种花草的生活习性及水肥管理,以及各类花草的观赏习性。种花养草虽然是业余的,但也激发了她以后的创业潜力,因此杨碧玉又养起了猪、喂起了鸡、种起了药材。由于缺乏经验与技术,她种的板蓝根严重抽薹,达到70%以上,给产量造成很大的损失。她便查阅资料、询问专家,终于弄懂了导致抽薹的原因:一定的低温和长日照,一定的苗重和长苗龄,二者缺一不可。同时,杨碧玉向专家请教了控制方法。第二年,便从阶段发育入手控制阶段质变的主要条件,另一方面,从营养条件入手,控制苗子的大小,当年种的药材收益很大。她的药材在市场上的销路一直很好。

杨碧玉靠党的政策,一步一个脚印实现了勤劳致富的梦想,她没忘记和自己一样渴望致富的乡亲。由杨碧玉帮扶的刘瓦秀等两户贫困户,在她的带动下,也纷纷种起了药材,杨碧玉毫无保留地将自己的经验和技术交给他们。并从资金、技术、销售等各方面给与无私的帮助,这两个贫困户去年人均纯收入增加200元。与此同时,杨碧玉还将自己学到的科学知识,用来帮助周围的乡亲们发展副业,这样的事还有很多、很多……

板蓝根栽培技术

板蓝根以根、叶入药,性寒,味苦,具有清热、凉血、解毒的功效,是主治流行性感冒、热病发烧、咽喉肿痛及丹毒等症的良药,对防治腮腺炎、传染性肝炎、麻疹及乙型脑炎等也有很好效果。

一、育苗

一般采用宿根移栽或秋播留种。5~6月份采收的种子,于翌年4月上旬播种。苗圃应选肥沃疏松的沙质壤土,畦宽3.33米,高16.7厘米,长度不限。每667平方米用农家肥

1500~2000千克作基肥。条播按10~13厘米行距开0.33~0.67厘米的浅沟。播种前先将种子放在10%的盐水中,捞去浮在上面的菌核和瘪粒,然后捞出置于25℃的温水中浸泡24小时,进行闷种催芽,待种子露白后播种,播后覆土压实。每667平方米播种2.5千克左右。播后盖上一薄层稻草,防止日晒,每天早晚各喷水一次,保持苗床湿润,6~7天后即可出苗。出苗后应立即除去覆盖物。苗高1.5~2厘米时进行间苗,去弱留强。苗高3~5厘米时,按3~4厘米见方留一株壮苗,并追施一次稀薄人粪尿,喷一次波尔多液100倍液防治霜霉病,同时用代森锌500倍液防治菌核病,发现立枯病时还需喷洒50%甲基托布津或多菌灵800倍液,并拔除病株集中烧毁,以防蔓延。一般培育30天左右可出圃。采用宿根移栽以在春秋进行为宜,因气温和湿度都适宜移栽大田种植或再植育苗。

二、定植

板蓝根系直根系植物,主根长,一般可入土30多厘米。所以,最好选择土层深厚、肥沃疏松、背风向阳的旱地、坡地种植,但不宜种在低洼积水的地方和水田里。移苗定植时间,以秋春为宜。开春气温回升,雨水多,定植后成活率高;秋季气温逐渐下降,气候凉爽,也易成活,但要注意防旱。春播移苗定植为生产商品,秋播作为留种。板蓝根商品田在5月上中旬移苗定植,一般采用穴栽。如果成片种植,应先铲除杂草,翻松土壤,然后整地作畦,畦宽1.5~2米,间宽33.3厘米,畦高16~20厘米,每667平方米施农家腐熟有机肥1500~2000千克,耙细整平,按株距35~40厘米、行距60~70厘米挖穴,每穴种植2株。移植时应随起苗随种植,注意根系舒展,压实,浇足定苗水。

三、管理

定植苗成活后,应查苗补缺,以达到平衡生长,并追施一次稀薄粪尿水,促苗快长。苗高20厘米左右时,进行浅锄除去杂草并追施长苗肥,每667平方米施尿素8~10千克,过磷酸钙20千克、饼肥40千克。6月上中旬,苗高25厘米以上,应及时收割第一次叶子。割叶后,每667平方米追施速效肥人粪尿500千克或尿素5~6千克(水浇施),促进叶片再生快长。7月下旬和9月中旬可分别再割一次叶。每次割叶后都应追施速效氮肥,并结合中耕松土。如遇干旱天气,要及时灌水保墒和湿润土壤,以确保丰产。

四、防治病虫

板蓝根主要害虫有菜粉蝶和小菜蛾,防治办法:在幼龄期喷洒9%敌百虫800倍液防治。病害有霜霉病,防治方法:除注意田间排水和通风透气外,在发病初期用50%托布津或多菌灵800倍液喷洒,可兼治白粉病和菌核病。

五、收获加工

收割叶片应从茎基部离地面1.6厘米以上开始,茎顶部应留有心叶,不可割得太多,以免影响抽生新叶。少量栽种的,可割周围老叶,留中央新叶让其继续生长。收割的叶子晒干后即可出售。待10月下旬地上部枯萎时挖地下根茎。挖时先在畦旁开1.3~1.5米深的沟,然后顺序向前挖,尽量不要挖断根茎。挖出的根,去净泥土,洗净后晾晒或用火烘至七成干,再晾晒充分干燥即为成品。产品以根茎粗壮均匀、条干整齐、粉性实足的为佳品。

别把"宝"种成草

中药材是中国的一"宝",以中药材为主的天然药物在国际市场上每年以20%~30%的速度递增。农村种植中药材不失为一项增收致富的好门路。本文主人翁选择板蓝根种植,很有头脑、很切合实际,再加上科学种植,因而获得成功。

板蓝根是一种普通药材,适应性强,对自然环境和土地要求不严,在我国南北等地均能栽培。如果按杨碧玉的方法种植板蓝根,又与制药厂签订合同的话,农民朋友可以靠它致富,而且投入与产出比一般为1:10,前景好,收益可观。

然而,当我们决定种中药材时,必须正视和分析了解诸多问题,要以市场为导向,以科技为支撑,以实地适药为保障。

中药材是一种特殊商品,"少了是宝,多了是草",盲目种植必然失败。因为中药材生产有很强的地域性,各地方都有适合当地生长条件的药材品种,即所谓的"地道药材"。正是这种特殊的"地道性",决定了种植的局限性。种中药材讲究"先天基因",不适于在你这里种的,种了只能当作"草"。比如:目前农村掀起了一股"种天麻热",如果不是在海拔1000米以上的高寒地区,就种不出来;又如:栽种于北方的青蒿,就基本上不含青蒿素。所以,如果盲目种植,就只能得到"劳民伤财"的结果。

那么,怎样才能种好中药材呢?首先,我们要明确调整农业生产结构不是简单的想种啥就种啥,它是农民将生产与市场的需求对接起来的必然过程。有没有市场,有没有优势,能不能优质,这是最基本的条件。因此,在种中药材时,农民朋友必须考虑到以下几点:

一是引种的中药材是否适宜当地的生态环境,是"地道药材"当然最好,如不是,最好请有关专家考察建议或向有关部门咨询。二是即使是地道产区,或这种药材也适于在当地生长,也要充分考虑市场因素,若市场有限也不能乱开发。三是可选择一些开发潜力大,既可药用,也可食用,还可制作其他产品的药材,如党参、丹参和一些花卉类。

当前,全国大部分地区的中药材种植仍停留在农民的自发行为上,零星分散,且沿用传统的种植技术,普遍存在质量不稳定等问题,难以适应现代中医药产业的发展和市场发展的需要。而药材采收和产地加工技术的落后,也是亟待规范和改进的环节。一些优质药材,常因采收、加工不当,反而降低了品质。如土法提取黄连素,既不能充分提取出药用的有效成分,浪费了资源,又没有排污处理,污染了环境。总之,对中药材应杜绝盲目种植,拒绝粗放生产,只有适地适药,加大技术投入,建立示范基地,才能实现优质优价。

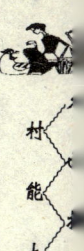

实现人生的价值
"下海"搞养殖

陈代龙,1967年出生在嘉陵江边的农民家庭,他放过牛,做过纤夫,烧过锅炉,任过教师,担任过中共四川绵阳市委统战部办公室主任。曾在全国报刊杂志上发表过上百篇文章,参与编写的专著有5部,共计200多万字,是一个能文能武的难得人才。

1995年10月,陈代龙毅然辞去公职,扔掉铁饭碗,"下海"从事特种水产养殖。尽管家人反对,亲朋劝谏,都无济于事。正如陈代龙所说:"我一生就喜欢冒险,不愿过平静的生活。"当年,他在绵阳市高新区永兴镇方登寺村征用荒河滩地16.68公顷,其中可耕地2.67公顷,荒河滩14.01公顷,创办了"绵阳泰港水产养殖有限责任公司。"投入资金2500万元,建设人工加温快速集约化养殖中华鳖工程。同年底,第一期工程完成并全面投产。建成了年产稚鳖20万只,商品鳖10万千克,池存亲鳖1万千克,7.34公顷标准化鱼池的工厂化特种水产养殖基地。1996年实现产值1100万元,创利税200余万元。1997年新建工厂化恒温室4500平方米,成鳖和亲鳖池4万平方米,产稚鳖22万只,养种鳖9200只,产商品鳖10万只,年产值1658万元,销售收入1120万元,赢利210万元。

"科学技术是第一生产力"。绵阳"泰港"成立至今,始终把新的科学养殖技术的投入作为持续稳定发展的关键。开始养鳖时,由于缺乏经验,只着重从鳖的生活习性、自下而上条件去考虑池子和供热设施的建设,而没有考虑鳖的生态环境,使水质恶化严重,鳖的各种疾病不断发生;不停地用药、换水、洗沙,既增大了成本,又造成鳖的成活率、生长率不高,从而减少了企业利润。为解决这些养鳖技术难点,也为探索中华鳖养殖的新模式、新技术,1996年春天,公司抽调了技术骨干到全国养鳖起步较早的湖北、浙江、江苏、湖南、广东等地考察学习,集众家所长,获得了很大的收获。并用30万元将中华鳖的生态养殖技术引进了企业,仅此一项提高利润在10%以上。同时,还结合别人的优点,对原供热方式、投食方式等进行了改进,把原来的有沙养殖,改成了无沙养殖,缓减了水体恶化的速度,降低了水电、煤炭和药物的费用,提高了鳖的成活率,缩短了鳖的生长周期,使每千克鳖的成本降低到了50~54元之间。此外,公司为弥补自身科技力量的不足,先后与中国科学院淡水渔业研究中心、南京农业大学、无锡渔业学院、上海水产大学、北京师范大学生物系、河北师范大学等科研院所联姻,不断开发新的科学养殖技术。

陈代龙在自己的企业日益发展壮大起来之后,并未忘记带动农户发家致富。加温养鳖技术对泰港来说是最成熟的,他们在企业规模养殖的基础上,摸索出了适应农户分散经营的养殖模式。这种模式建池、供热方式简单,投资少,成本低,养殖效果特别好。从1997年开始,他们把这种庭院式的养殖模式向广大农户推广,从建池设计、种苗、饲料、养殖技术、无偿咨询服务到产品销售,对农户提供系列化服务,带动了一大批养殖农户致富。几年来,公司先后在绵阳、遂宁、广元、德阳等市发展了近200家庭院式的专业养鳖户,大户规模上万只,小户规模几百只,累计实现总产值在千万元,使不少农户走上了致富之路。

如今,绵阳泰港公司年产值一直保持在2000万元,利税200万元以上的稳健发展势头。绵阳泰港水产养殖有限责任公司被列为四川省人民政府31户重点扶持发展的民营企业、四川省科技星火计划示范企业、四川省农业产业化示范工程、四川省特种水产养殖龙头企业、四川省人民政府研究室的工作联系点、绵阳市农业产业化示范工程和特种水产龙头企业。而泰港企业的创始人陈代龙正在为特种水产业的发展,谱写新的篇章,朝着辉煌的明天迈进。

中华鳖的养殖技术

一、养殖场建造

选择环境安静、阳光充足、水质良好无污染、土质为黏土或壤土的地方建场。一个完整的养鳖场要建亲鳖池、稚鳖池、幼鳖池和成鳖池,还需有孵化房、饲料加工间、病鳖隔离池等配套设施。鳖池都要有防逃设施,可在池边离岸 0.5~1 米处建造 50 厘米高的防逃墙,墙顶向内建"T"形出檐。

(一)亲鳖池

面积 1000~2000 平方米,池深 1.5~2 米,蓄水 1~1.5 米。池底有 20 厘米厚的软泥层,供越冬和度夏之用。池埂坡度保持 30 度,便于亲鳖爬上堤岸休息和产卵。产卵场建在池北面,高出最高水位 0.5 米,面积按每只雌鳖 0.05 平方米设计,用细沙土铺设,土层厚 30 厘米。其余三边不露土或铺成硬质池坡,以防止亲鳖分散产卵。排水条件要好,雨天不会有积水,附近可种阔叶树木或高秆叶茂植物。

(二)稚鳖池

最好建在室内,为水泥砖砌结构。面积以 5~20 平方米为好,长方形,池深 0.8~1 米,蓄水 0.2~0.5 米。池底铺混凝土。池的两端设进出水口,进水口设在水位最高的界面处。出水口内侧加网罩,外侧加木塞。池壁端建有防逃的出檐,向内延伸 5~10 厘米。池底靠进水口 2/3 处铺 5 厘米厚的沙子,靠出水口 1/3 处建 5 厘米高拦沙墙。在水平面处架设由木板或水泥板制成的休息台,面积占池面积的 1/5。

(三)幼鳖池

可用小型土池改建,面积 600~1000 平方米,池深 0.8~

1.2米，有防逃设施及排灌系统。控温养鳖时幼鳖池建法同稚鳖池，可适当提高水位，蓄水0.6米，面积20～50平方米，防逃"T"形出檐10厘米宽。池底铺沙5～8平方米，池底向出水口方向适当倾斜。拦沙墙和休息台同稚鳖池。

（四）成鳖池

可用鱼池改建，面积不超过2000平方米，池周留0.5米的陆地，建50厘米高的防逃墙，出檐15厘米，池堤坡比1:3。池边设进出水口，用钢丝网拦好。池底向出水口方向要有一定坡度，出水口可低于池底。池内设食台供成鳖摄食和休息，食台呈30～40度角，2/3在水面下，1/3在水面上，供鳖晒背用。也可用砖和水泥抹面建成鳖池。面积50～100平方米，池深1.2～1.5米。蓄水0.8～1.2米。池底铺沙15～20厘米。池底出水端口1/3处投拦沙墙。

（五）控温养鳖池

要有保温环境和供温设施，可用塑料大棚、玻璃房和钢筋混凝土结构。在室内建池，可建单层，双层和三层。池大小、结构同稚鳖池。热源可用地热水、工厂热排水、锅炉加热水。先在贮水池调温，然后加入养鳖池。通过控制贮水池的水流量来控制池水温度。池内要加设充气增氧管道。

二、饲料准备

动物性饲料有螺、蚬蚌、蚯蚓、小杂鱼、畜禽内脏、昆虫、蝇蛆、蚕蛹等，植物性饵料有薯类、南瓜、豆饼、花生饼、麦类、豆类等。配合饵料的配方为：鱼粉、血粉、蚕蛹、猪肝渣等动物蛋白占30%，豆渣30%，麦麸30%，谷芽5%，面粉5%，另加1%植物油，1%蚯蚓粉，1%骨粉，0.1%维生素。控温养鳖最好有鳖的专用饲料，也可用鳗鱼饲料代替，使用时可添加3%的植物油和1%~2%的蔬菜汁。

三、引种

一般引进亲鳖产卵或采集野生鳖卵人工孵化放养，或引进稚鳖、幼鳖放养。鳖的雌雄性别可根据外形判断：雌鳖体型较厚，尾短不能自然伸出裙边外，后肢间距较宽；雄鳖体型较薄，背甲前部较宽，呈椭圆形，中间隆起，腹甲呈曲"玉"形，尾长能自然伸出裙边外，后肢间距窄。

（一）亲鳖培育

选择6龄以上、体重1000克以上、体色青褐色、体质肥壮厚实、行动敏捷的亲鳖放养。在运输过程中用纱布袋每只分别包好装箱，千万不能挤压。放养宜在4月中旬~5月中旬，或在10月中下旬，高温季节如运输距离较短，也可放养。应尽量避免在冬眠期放养，否则易造成大规模死亡。放养密度按0.5~1只/平方米。室外池可混养鲢、鳙鱼种，100平方米放50尾。

从4月上旬鳖结束冬眠起，适当降低亲鳖池的水位，设好休息台，及时投喂。初期投喂量，配合饲料为亲鳖总重量的

1%，鲜活饲料为3%，以后逐步增加。产卵期，每天投喂2～3次，配合饲料日投喂量增到3%～5%，鲜活饲料增至8%～12%。产卵结束需及时补充营养，随着气温下降，日投喂量逐步减少，喂些薯类、南瓜、蔬菜。经常向池中冲水，用生石灰泼洒调节水质，浓度为20～30毫克/千克。11月水温已降低，亲鳖停止摄食，此时可适当加深水位，让其安全越冬。

（二）产卵管理

在产卵期来临之前做好准备工作。池水调整在产卵沙床界面以下，整理好产卵场，沙床厚度在15厘米以上。产卵期间，每天清早检查产卵场，顺着鳖的脚印寻找，发现沙土比较潮湿有翻过的痕迹，即为产卵穴，做上标记，一般等24小时后，胚胎已固定时，方可采集。凡一端（动物极）有规则圆点和白色亮区的为受精卵。集卵时应记下产卵时间，以便分批孵化。

（三）孵化管理

孵化箱可采用65厘米×45厘米×15厘米规格的木箱或塑料箱。孵化室要求通风良好，有条件的可设置多层控温孵化箱架，每层间距控制在50厘米以上。在孵化箱底均匀铺上5厘米湿细沙，将鳖卵有白色亮区的一端向上，整齐排列在孵化箱中，间距为1厘米。卵上盖一层5～6厘米厚的湿细沙，箱上贴好标签，记录只数和日期，入孵化室孵化。孵化分常温和控温两种。①常温孵化：隔一天洒一次水，以保持一定的温度,但不能造成底部积水。②控温孵化:通过调温设施将孵化室温度保持在 30±3℃,湿度通过每天向沙上洒水控制。孵化温度不得高于 36℃,低于 22℃,否则要设法降温或升温。要注意防止鼠害和蚁害。定期检查,发育正常的卵取出后,外壳沙粒很快脱落,白色亮区不断扩大,以后变成淡红色,至出壳前变成青灰色。常温孵化需 50 天,控温孵化 40 天即可孵出。稚鳖即将出壳的前几天在孵化箱内放一小盆,盆口与沙面相平,盆内盛些清水,稚鳖出壳后就会爬入盆中。

四、饲养管理

(一)稚幼鳖培育

刚出壳的稚鳖长 3 厘米左右,体质娇嫩,需暂养 3~5 天方可转入稚鳖池中。暂养可用木盆、塑料盆,加入 5 厘米的清水,每平方米放养 150 只,投些红虫、丝蚯蚓或煮熟并掰碎的蛋黄。投喂量为鳖体重的 10% 左右,分两次投喂。半天换水一次,水温与盆中水温接近。

控温养鳖:开始每平方米放养刚出壳的鳖 100 只,经 1~2 月的饲养,体重可达 10~25 克,然后根据体重大小分池,密度降至每平方米 80 只。体重 50~75 克时,每平方米 50 只;100~120 克时,30 只;150~200 克时,15 只。温度控制在 30±3℃,室温要略高于水温,否则室内雾气大,影响鳖的生长。升温和降温要循序渐进,使鳖有一个适应过程,温差过大会造成鳖的大批死亡。

常温养鳖:每平方米放养100只,早期鳖苗要1个月分一次塘,按大小分养,每平方米放养50只。晚期出壳的鳖苗,由于气温已很低,要先让其在室内加温养殖1个月,然后逐步降温再行越冬。在常温条件下稚鳖经越冬至第二年底可长到100克,按每平方米5~10只放养。

稚鳖生长除适宜的温度外,主要取决于饲料。鲜活饲料日投喂量为鳖体重的8%~15%,配合饲料3%~5%。早晨投喂30%,以4小时吃完为宜,晚上投70%。每周换水3~4次,交替泼洒生石灰和漂白粉调节水质,每15天一次,生石灰浓度为10毫克/千克,漂白粉为2毫克/千克。室外稚幼鳖可种水生植物,覆盖率为20%。

(二)成鳖养殖

控温养鳖:放养密度根据鳖种规格而定。同一鳖池规格力求一致,要不断调整放养密度。在苗种不足时开始就稀放,直至出池,池水温度控制在30℃±3℃。要用一中间调节池,当养殖池水低于规定温度时,将调节池水注入养殖池中。在室外温度低于0℃时,调节池水温40℃;在室外温度高于0℃时,调节池水温35℃。在加水前采取底部先排水,交叉多点加水,进水孔离池底30厘米左右。池水每天充气增氧8小时,经常换水,每隔15天施一次生石灰,浓度为10~15毫克/千克。要监测水质、水温和水位的变化,及时采取措施。饲料最好是成鳖专用饲料或养殖成鳗的饲料,使用时添加3%的植物油、1%～2%的蔬菜汁。也可用以动物性饲料为主的鲜活饲料。配合饲料日投喂量为鳖体重的3%～4%,鲜活饲料为15%。每天分两次投喂,早晨占30%,晚上占70%。固定投在饲料台上。

常温养鳖:鳖池每100平方米用生石灰25千克清塘,加水至0.8～1.2米。放养宜在20℃以上时进行。鳖种为100～150克时,每平方米水面放养4～5只;300～400克,2～3只。放养前,鳖种用3%食盐水消毒。刚放养时不喂料,经一星期鳖适应环境后再投喂。一般投天然饲料,6～9月是生长旺季,日投喂为体重的9%～15%;5月份为6%～9%;4月、10月为1.5%～3%。每天分两次投喂,早晨投30%,晚上投70%。水温降至18℃以下时停止投喂。生长期内池水每15天泼一次生石灰。经一年的饲养,一般可达500～800克,当水温降至18℃以下时。可以捕捉上市。

五、病虫害防治

(一)腐皮病

病因 由产气单胞菌、假单胞菌和无色杆菌等细菌引起。

症状 四肢、颈部、尾部、裙边等处皮肤溃烂坏死,以后面逐渐扩大,严重的颈部肌肉和四肢骨骼外露。

防治 隔离病鳖,用10毫升/千克呋喃唑酮溶液浸洗病鳖48小时,反复进行几次。也可用磺胺类药物。或每隔5～6天用2毫克/千克漂白粉液浸洗病鳖3～4次,经一个月的治疗可放回原池。

(二)红脖子病

病因　由嗜水气单胞菌引起。

症状　初期腹甲出现红斑,继而颈部充血发炎,不摄食,随后裙边及全身水肿,脖子红肿不能缩回。

防治　立即隔离病鳖,用土霉素、金霉素、氯霉素等抗生素或磺胺类药物拌饵投喂,每千克鳖第一天用0.2克,第二至第六天减半。或用硫酸铜溶液洗浴,每立方米水体用药8~10克,浸洗10~20分钟。

(三)疖疮病

病因　由点状产气单胞菌点状亚种感染引起。

症状:初期背甲等处长有绿豆大小的白脓疱,周围充血,逐渐扩散,向外隆起突出,最终破裂,内容物呈脓汁状,疖疮内容物凝固、自行脱落后,留下空洞。

防治　用万分之一的呋喃西林溶液浸洗病鳖15~30分钟,并用红霉素软膏涂抹患处。也可挤出病灶内容物,用生理盐水冲洗干净,涂抹红霉素或金霉素软膏。

(四)白斑病

病因　由霉菌引起。

症状　先在裙边出现块状白斑,以后扩大到四肢和颈、尾等处,寄生处表皮坏死,并逐渐剥离。

防治 全池遍洒食盐和小苏打合剂(1:1),使水体浓度达1/1000。或用10毫克/千克漂白粉浸洗病鳖4小时,或1毫克/千克的高锰酸钾全池泼洒。也可将病鳖置于阳光下30~60分钟,每天一次,反复数次。

养殖前景

鳖科动物中华鳖,习称甲鱼,属于一种水陆两栖爬行动物,全国各地均有分布,以江苏、安徽、湖北、湖南、江西、浙江等地产量大。其药用部位主要为其背甲,药材名鳖甲。

鳖甲,性平味咸。功能养阴清热,平肝熄风,软坚散结,退热除蒸。主治结核,阴虚,经闭经漏,小儿惊痫。现代研究表明,鳖甲对甲亢伴甲状腺肿大、骨质增生、牙痛、腹痛、宫颈癌等有一定疗效。鳖肉,功能滋阴凉血,主治骨蒸劳热、久疟、久痢、崩漏带下、瘰病以及肝硬化腹水。鳖头,治久痢脱肛、产后子宫下垂、阴疮、无名肿毒。鳖血,治口眼歪斜、虚劳潮热、脱肛,生饮治空洞型肺结核潮热。鳖脂,滋补强壮。鳖卵,治久泻久痢。鳖胆,治痔漏。鳖甲胶,滋阴补血,退热消瘀;治阴虚潮热,久疟不愈,痔核肿痛。

甲鱼是传统的滋补品,近年来应用高科技手段,制成"中华鳖精口服液"、"龟鳖丸",提高了甲鱼的利用价值。甲鱼营养丰富,经常食用能增强人体的免疫功能,具有一定的防癌、抗癌作用。市场上对甲鱼的需求量越来越大。人工养殖可因地制宜,既可专养又可和鱼混养,经济效益高。

陈代龙辞职到农村养鳖,不但认准了项目的前景,而且有胆识、有头脑,有钻研科学技术的精神,还坚定不移地与科研院所联姻,其成功的关键就在这里。

目前,甲方市场经过前几年的巨大震荡,如今已趋于稳定,价格与价值基本同步,符合价格规律。甲鱼的人工养殖虽然没有了过去的高额利润,但仍是大农业中回报率较高的行业。专家认为,甲鱼养殖业的健康发展有待于抓好以下几点:

一、努力提高甲鱼成活率。据测算,成活率为100%时,一只500克规格的甲鱼可赚25～30元;成活率为60%时,养殖户仍可保本经营。

二、积极推行配套养殖。一般来说,自繁自养甲鱼苗,成活率可达95%,而购买的甲鱼苗仅为60%左右,最低的甚至只有30%。今后的发展应该是亲鳖、稚鳖和成鳖配套养殖,这将有助于提高成活率,降低生产成本,增大抵抗市场风险的能力。

三、大力开发甲鱼深加工产品。从长远的发展趋势看,甲鱼的加工食品和保健食品有着广阔的发展前景。加速甲鱼产品加工增值的转化,必须把甲鱼产品系列化加工作为发展甲鱼养殖业的重要一环。

播洒甘甜富山乡
科学养蜂能致富

有个青年人叫郭佃春,河北省房山县佛子庄乡黑龙关村农民,是一个极普通的山区青年。就是他,却是远近闻名的养蜂能手。郭佃春说,他依靠党的富民政策,1998年夏季贷款1万元更新了蜂种和蜂具,加大了科学管理的力度,使他的小蜜蜂群势、蜂产品产量、经济效益超过往年,创下最高记录。现在已发展到75箱蜂,今年可望收入4万元。郭佃春养蜂致了富,还积极主动地扶持附近村的20余个养蜂户,指导他们搞好各项管理,协助他们购置蜂种、蜂具、蜂药等,并无偿传播技术和管理经验,使其中大部分农户依托养蜂脱了贫,年人均收入在1~2万元以上。郭佃春还准备投资搞蜂产品深加工,开办蜂疗。由于郭佃春对养蜂事业和佛子庄乡"千户万群"养蜂基地建设做出的卓越成就,他多次受到市、区有关部门和领导的表扬嘉奖。"北京市养蜂十佳"、"北京市养蜂致富百强户"、"房山县养蜂明星户"等奖状和荣誉证书摆满了他的书房。1998年3月,郭佃春还参加了房山县举办的"全国养蜂经验交流会"并作了典型发言,介绍了他本人从事养蜂业十年来积累的经验,得到与会专家、学者及有关领导的首肯和表扬。目前,佛子庄乡养蜂基地建设已进入攻坚阶段,这一项目是1994年经北京市科委批准立项的市级星火科技开发项目。项目实施以来,郭佃春付出了辛勤汗水,在此期间,基地建设主战场捷报频传:1999年全乡又有22户农民通过扶贫贷款与自筹资金相结合的融资方式,利用党的好政策发展蜂410群。至此,佛子庄乡已有养蜂户127户,养蜂2510群,一跃成为京郊养蜂数最多的乡镇。1999年产蜂蜜13万千克,产蜂王浆、蜂花粉、蜂胶、蜂蜡等产品1000余千克,养蜂收入超过100万元,基地建设项目已顺利通过市科委验收,并受到市、区科委的嘉奖。为此,郭佃春光荣当选为"房山县养蜂协会理事"、"佛子庄乡养蜂协会常务理事",当年还被中共佛子庄乡党委评为"家庭特种养殖明星户"。

进入20世纪90年代,蜂疗成为一门新兴学科之后,郭佃春又不甘寂寞,苦心求经。结识了顺义县蜂疗所的专家。由于郭佃春有股韧劲,又勤奋好学,顺义县蜂疗所的专家同意与他结对子,向他传授蜂疗技术。为了学好、用会这门技术,从1990年到1998年,郭佃春披星戴月,早出晚归,坐班车去顺义县蜂疗所百余次学习。目前,他完全掌握了蜂疗先进的实用技术,并准备投资建蜂疗所,以解决山区人民看病难、花费大的困难,让老区人民身强体健投入生活、工作。

在20余年的养蜂生涯中,郭佃春获得了许多宝贵的养蜂经验:他实行以定地为主的养蜂方式,充分利用山区蜜源条件;他推广应用"条螨灵"防治蜂螨,使蜜蜂第一大敌得到有效遏制,将虫害对蜂的危害降到了最低限度;他引用优良"意大利种蜂",改良本地区劣质蜂,使蜂群群势大幅度增强,由此带来的产量、效益喜人;他准备引进人才、科技、设备改良,更换陈旧蜂具、巢础、摇蜜机等设备,给蜜蜂一个良好的生活空间;搞蜂产品深加工,促进产品保值、增值;山区冬季变冷,是蜜蜂损失最大的时节,而郭佃春养的蜂经受住了严寒的考验,没有出现过冻死群的情况。

郭佃春依托养蜂业摆脱了贫困,走上了致富的康庄大道。几年来,他仅养蜂收入年平均就在 2.3~3.5 万元。郭佃春养蜂尝到甜头,这也正是他 20 余载负重拼搏、上下求索、不懈奋斗的结果。

科学养蜂三部曲

一、养殖技术

（一）养殖场建造

蜂场周围要有丰富的粉源蜜源,如油菜、紫云英等,背风向阳,地势较高,地面干燥,有适宜的温度和湿度,夏季有很好的树阴,附近要有良好的自然水源。周围环境较安静,不受烟火、灯光、农药及其他污染物的影响。另需准备蜂箱、巢础、分蜜机、面网、喷烟器、起刮刀等工具。

（二）引种

一般到养蜂者处购买新分群的蜂作为种源,亦可到深山

老林中收集野蜂。

(三)饲养管理

1.蜂群的检查

根据需要,可对蜂群进行全面检查,即对巢脾逐个提出检查,或快速检查,取其中 1~2 个巢脾检查。春、秋宜在中午检查;夏季宜在早、晚或傍晚检查,北方早春应在晴朗无风、气温不低于 14℃ 时检查。流蜜期检查应避开蜜蜂出勤高峰期。一般 10~15 天快速检查 1 次。分蜂期和流蜜期 5~7 天作全面检查 1 次。采蜜和造脾阶段,要经常进行局部检查调整。冬季包括停卵阶段,不宜作箱内检查。

检查时宜穿浅色衣服,戴好面纱,携带喷烟器、起刮刀、记录表等用具,人应站在蜂箱一侧,切勿站在巢口,阻挡蜂路。提起的巢脾,应在蜂箱上翻转查看。若遇蜂王起飞,可从箱中提一筐蜂,巢门前抖落,然后恢复箱盖,人蹲箱侧,蜂王很快就会随工蜂归巢。如发生盗蜂;应暂停检查。检查后,要依次恢复脾间蜂路,切勿任意放宽,随即盖好副盖和箱盖。

2.蜂群的迁移

如作短距离的移位,应在每天傍晚逐步把蜂箱移到预定位置,但需注意该蜂群邻近不能有其它蜂群。如在蜜蜂活动范围内较长距离的移动,或不可能采用渐移的方法,应先把蜂群搬到 5 千米外的地方,暂放养 1 个月后,再迁到预定位置。如作长途转移,应用铁纱或尼龙纱门挡把巢门封堵,以防工蜂飞失。搬运蜂群应选择在夜晚或清晨进行,并注意固定巢脾和打开纱窗通风。

3. 蜂群的饲养

(1)救助饲养:旨在挽救缺蜜蜂群。方法是先将贮备的封盖蜜脾调给蜂群,设有贮备蜜脾,亦可将蜂蜜加一半开水稀释,或把2份机制白糖加1份开水溶化,凉至微温后,于傍晚用饲养器或灌脾饲喂。饲养器可用沥青油毡纸裁成所需大小的长方小块,边角折起,成槽状,再用回形针固定即成。然后灌入糖浆,加至浮标,放在巢脾侧即可饲养。如果在糖浆中加入0.1%酒石酸或少量酸果汁,可促使蔗糖转化,蜜蜂更爱吸食。若蜂群较弱,群势差别大,又普遍缺蜜,应先集中饲喂强群,然后从强群中抽调蜜蜂补助弱群,以免弱群遭受盗蜂骚扰。

(2)奖励饲养:旨在激发工蜂泌浆,从而间接促进蜂王产卵。奖励饲养宜在流蜜前一个半月开始,直到野外蜜源不缺为止。应掌握少量勤喂,凡强群或贮蜜少要多喂,弱群或贮蜜多的要少喂。

4. 巢脾的修造

巢脾是蜂群生活、繁殖、贮存蜜粉的场所。如巢脾不足或质量不好,严重影响蜂群繁殖和蜂蜜生产。造成优良巢脾的条件是巢脾基础新鲜,蜡质纯洁,房眼深,蜂群内新蜂多,不起分蜂热,外界有良好的蜜源。

当外界有蜜源,巢内出现添造白色新巢房或框梁出现新蜡时，即可加入巢础造脾。在春季进行小群加础造脾时，应注意保温。加入的巢础框应插在原有子脾的外侧和边框蜜粉脾的内侧，并把铁丝所在的一面朝向子脾，让蜂先筑造五六成高，然后调转另一面。等待两面都筑造过半后，再酌情移插中央，供蜂王产卵，使筑造完整。小群造脾宜在造好一框，并群势发展后，再加一框。在流蜜期到来时，可在继箱中部，同时间隔插入 2～3 框巢础，进行继箱群造脾。筑好后及时供产卵，再陆续补入巢础框。收捕回来的自然蜂群，具有强烈的营造新巢的积极性，应视群势，充分供给巢础框。插础后，与巢础相邻的巢脾，其未封盖蜜房会增筑加厚，妨碍新脾的筑造。因此，要经常削平纠正。造脾时，若野外蜜源不好，晚间还需奖励饲养。

5. 蜂群的合并

凡是弱群以及失王或蜂王老、弱、病、残而无贮备产卵王或成熟王台可供替换的蜂群，都应合并，方法是在午前把并群的蜂王或王台除去，傍晚，中蜂最好在夜间，先将受并群逐渐提出，喷上蜜水或糖浆，工蜂喷至微湿为宜，并恢复原位，再将被并群按同样要求喷，喷后依次靠于受并群隔板外，盖好箱盖。次日，再统一调整，如双方框梁上洒上数滴香水，以混同群味，则效果更好。合并蜂群时必须保护优良蜂王，弱群并入强群。或无王蜂并入有王蜂时，可用扣脾蜂王诱入器把蜂王暂扣在原巢脾上，待合并成功后放出。合并动作要轻要稳，不要惊动蜂群。

6. 盗蜂的防止

盗蜂是指盗窃其他蜂箱的蜜蜂，会给蜂群带来很大损失。盗蜂的识别：凡是蜂箱四周飞转，寻找缝隙和企图钻入的蜜蜂，即是盗蜂；凡巢前蜜蜂丛集，相互咬杀，一片混乱，就证明发生了盗蜂。它常发生于蜜源缺乏时期。

预防措施：缩小巢门，严密填补蜂箱缝隙；检查蜂群时动作要迅速；提运巢脾时要放在密闭的蜂箱里；贮存的巢脾、蜜、蜡或切下的废脾要放在蜜蜂进不去的地方；蜂场上任何地方都不能留下蜜迹或糖浆；饲喂蜂群应在傍晚或夜间进行；所有蜂群的群势要保持平衡，群内贮蜜要充足，弱蜂要合并，病蜂群迁移他处隔离治疗。中蜂和意蜂要分场放养，且附近也不能有异种蜜蜂。万一发生盗蜂时，必须立即采取以下措施制止：立即缩小被盗群的巢门至仅容1、2只蜂出入，再继续向巢门和盘旋蜂箱四周的蜜蜂进行喷水冲击。同时，用樟油或煤油棉球插在被盗蜂群的巢门口来驱避盗蜂，也可暂用青草、树叶虚掩巢门。如盗蜂很少，可将被盗群移离原位数米，被盗巢门不予缩小，让盗蜂继续飞出。原位上放1只装有几个空脾的巢箱，盗蜂飞回原位后，发现没有蜂王、贮蜜和子脾，盗行立止。经1天后，再将原群调回。若属全场性盗蜂，应立即迁场。

7. 分蜂群的捕收

当自然分蜂团集后，将收蜂笼套在蜂团上方，使笼口的内边接靠蜂团，利用蜜蜂的向上性，以淡烟或软帚驱蜂上移，并用软帚或鹅羽顺势催蜂入笼。如蜂团骚动不安,可稍喷水镇定。待蜂团入笼后,再轻稳地将笼取下。如收捕意蜂,可马上从原群中抽取幼虫脾两框放入空巢箱内,再视群势,适当增加空脾和巢础框,幼蜂脾居中,最外面加隔板,并放在荫处,再把蜂笼平放在框梁上,让蜂团自行转移到巢脾上,也可以手指轻弹蜂笼,催蜂上脾。待笼内余蜂不多时,可提笼抖落,最后覆箱上盖。事后应注意调节巢门,过2~3天再检查调整。待蜂上脾后取下,放入空巢箱,再从原群抽两个脾补充即可。

中蜂活跃,宜傍晚转移进箱。可用塑料窗纱或稀麻布,封住收蜂笼口,暂挂有风的阴凉处,傍晚备1只巢箱,箱内布置同上,空处暂垫上稻草,盖好副盖和箱盖。再将箱垫高15厘米左右,取起门档,巢门前接1块副盖。然后将笼内蜂团抖落斜板上,让蜂入箱上脾,待安定后,加上门挡。翌晨取走箱内稻草,待2~3天后再行检查调整。

8. 王台及蜂王的诱入

王台诱入,是将成熟的王台,从巢脾或者王框上轻轻割下来后用香烟锡箔或塑料薄膜条包裹起来,只让王台露出。在诱入群中,选择靠近子脾,蜜蜂密集处。先用指头压倒一些巢房,然后把裹好的王台嵌入凹处即可。在诱入王台时,应注意不能将王台挤坏,台口要向下,群内应无其他王台或蜂王。

诱入蜂王,通常借用扣脾式诱入器进行。在诱入前半天,先把巢内王台全部毁尽或将原有蜂提高。诱入时,先把蜂王关入诱入器,然后选择老黑子脾的中上部,并在附有一些蜂蜜和空房的地方扣上。初扣时不宜重压，应在取走底部活动铁片后，均匀用力压下，使诱入器四周的铁齿全部没入巢房内。接着靠上子脾。但不要靠得太紧，以让蜜蜂和蜂王接触。诱2~3天后，观察蜜蜂有否啮咬诱入器的铁纱或重叠包围诱入器，如有，表明蜜蜂尚未接受诱入的蜂王。如铁纱上只有稀疏的蜜蜂，且工蜂用舌通过铁纱饲喂蜂王，表明蜂王诱入成功，可以放出。

9.春季管理

要促使蜂群恢复壮大，顺利完成更替期，使之充分利用蜜源。

(1)撤出多余的巢脾，使蜂最密集，每张巢脾上都布满蜜蜂。提高和保持巢内温度。

(2)经常观察工蜂的飞翔、排泄、采水等现象，判断群蜂越冬是否正常，发现问题及时处理。

(3)当气温上升、蜜源和粉源充足、蜂已扩大产卵面积、新蜂大量出房、蜂群开始进入繁殖时期，需及时加脾，一般加在边脾的外侧，如边脾是一张蜜粉脾，可加在从边数第二张的位置上。

(4)预防分蜂，选择善于保持强群、不易分蜂的作为种群，培养新产卵王，在寒流期前把老王换掉；适当控制群势，繁殖期一般保持中等群势为宜，适当抽调强群中的成熟子脾，补助弱群；及时采取巢内成熟贮蜜；充分利用工蜂的泌蜡力，积极加础造脾，淘汰劣脾，扩大产卵圈；群势壮大后，应充分利用工蜂哺育力,连续生产王浆;随着群势的发展,适时加脾,加继箱,加大巢门,注意通风遮荫,使蜂群处于积极状态;在蜂群出现分蜂征兆时,将蜂王的1个前翅剪去2/3。当分蜂的蜂群造了王台,待封盖后,提出老王及带蜂的成熟封盖子脾和蜜脾各1框,组成新群另置,再加入空脾1框供蜂王产卵。原群选留一个大型、端正、成熟的王台,其余全部毁掉。待新王交尾产卵,可培养采蜜群。中蜂群王台封盖后,酌加空脾或巢础。其余带蜂巢脾,选留一个王台组成新群另置。

10. 流蜜期管理

目标是使蜜蜂经常处于积极工作状态。主要工作是:消除分蜂热,及时采收封盖蜜;在流蜜初期,要有足够的青、壮年蜂群,如估计群势不足,应提前20天补充蛹脾;掌握流蜜期前发展群势,流蜜期中补充封盖子脾,流蜜期后,调整蜂群,恢复和发展群势;在流蜜期间采用"强群采蜜,双王群繁殖"等措施,以解决采蜜和繁殖的矛盾;在流蜜期应根据花期长短、蜜源间距对蜂群进行不同的处理。

11. 夏季管理

关键是保持蜂群的有生力量,为秋季繁殖准备条件。应注意:年年更换新王,维持夏季产卵力;越夏蜂群宜保持2~3框;只要不妨碍子脾发展,巢内以多贮蜜为宜,如蜜水不足,应及时饲喂;蜂群宜置于通风荫凉、排水良好、有清洁水源之处;及时抽出箱内旧脾或多余巢脾;每旬快速检查一次;蜂群的巢门一般只放1厘米高,宽度以每框足蜂留1.6厘米为宜。以避敌害,如发现工蜂扇风激烈,应酌量放宽,但切忌打开纱窗通风。

12. 秋、冬季管理

秋季应抓紧蜂群的繁殖,扩大群势,迎采荞麦、枇杷蜜,培养越冬适龄蜂,更换老劣蜂王,备足越冬饲料,防治病虫害,预防盗蜂,注意避风、保温、通风防潮等,为安全越冬做好准备。冬季管理主要是做好保温工作,方法有箱内保温和箱外稻草包装法等。

二、病虫害防治

(一) 囊状幼虫病

病因 感染病毒致病

症状 多发生于春夏之间,1~2日龄大量死亡。发病蜂群子脾中常出现不规则的空房。幼虫尸体头部上翘,灰褐色,体内充满含颗粒的体液,表皮增厚,变得粗糙,无黏性,无臭味,用镊子挟出后,体液下沉,成囊状。尸体干枯后皱缩扭曲成龙船状,易被工蜂清除。本病由带毒工蜂饲喂幼虫所传播,蜂群中的病蜂和被污染的饲料为主要传染源。

防治 ①选育抗病蜂种。②加强饲养管理:密集蜂群,加强保温;断子清巢,减少传染源;备足饲料,提高蜂群抗病力。③药物治疗:虎杖15克,甘草6克,贯众30克,金银花30克,甘草6克。可选用上述配方,加适量的水,煎煮后过滤,取滤液,按1:1比例加入白糖制成药液糖浆喂蜂。每一剂量可喂

10~15框蜂。此外,可用某些消毒药和磺胺类药治疗;碘酊:将市售碘酊加水配成1%~3%的溶液,再加少量白糖,配成稀糖液喷脾;因该药有刺激性,使用浓度要由低到高,最好在傍晚使用。病毒灵:按每框蜂1片调入糖浆内喂蜂。

(二)麻痹病

每年春末夏初或秋末冬初的成年蜂病中,多为麻痹病,西方蜜蜂易感染。

病因 由慢性麻痹病毒和急性麻痹病毒所致。

症状 有两种类型①大肚型:病蜂腹部膨大,失去飞翔能力,行动迟缓,呈麻痹状态,常被健康蜂追咬。②黑蜂型:病蜂常见绒毛蜕皮,身体发黑,似油炸状。腹部一般不膨大,有时反而缩小。这两种类型的病蜂常交替出现于蜂群中,早春或晚秋多以大肚型为主,秋后多以黑蜂型为主。此病在蜂群间主要通过盗蜂或迷巢蜂传播。在蜂群内的传播,主要通过蜜蜂的饲料交换。

防治 ①防止蜂群受潮,将蜂群置向阳干燥处。②给病蜂群饲喂奶粉、黄豆粉等蛋白质饲料,以提高其抗病力。③选用无病蜂群培养的蜂王替换患病蜂群的蜂王。此为有效措施。④升华硫磺驱杀病蜂。每群次用10克左右的升华硫磺粉末撒在巢框上或箱底上,使病蜂早死,或人工捕杀病蜂。⑤喂药治疗。每千克糖浆用20万单位的金霉素或新生霉素,每框次喂50~100克。每3~4天喂1次,连喂3~4次为一疗程。或每千克糖浆加病毒灵3~4片,每框次喂50克,连续喂3~4次为一疗程。

(三)美洲幼虫腐臭病

病因　由幼虫芽孢杆菌引起的世界性恶性传染病,对养蜂生产威胁很大。

症状　患病幼虫一般在封盖后死亡。房盖下陷,颜色加深,并出现数量不等的小孔。初死幼虫苍白色,后渐加深至黑褐色。腐烂的幼虫有黏性,挑起能拉2~3厘米长的细丝,并有很浓的鱼腥臭味。干枯的幼虫尸体黑色片状,紧贴巢房下侧房壁,难清除。幼虫芽孢杆菌主要通过蜜蜂的消化道侵入体内。被污染的饲料和巢脾是传染源。

防治　①杜绝病源,实行检疫,禁用来路不明的饲料,不购有病蜂群。②于每年春季蜂群陈列后和越冬包装前,对蜂群进行一次彻底消毒。③一旦发现病蜂群,应立即将其隔离治疗,蜂箱蜂具需单独存放和使用。对尚未发病蜂群,还应普遍用0.1%的磺胺噻唑糖浆预防。④治疗:用每千克50%糖浆加入磺胺噻唑钠有效成分1克或加入四环素10~20万单位或土霉素10万单位混合均匀后喂蜂。按每框次喂糖浆50~100克,每3~4次为一疗程,直至病蜂症状消失。药量要足,治疗要彻底。

(四)孢子虫病

病因　蜜蜂微孢子虫引起。孢子虫寄生于蜜蜂中肠。

症状 该病多发生于早春、晚秋和越冬期间,病蜂逐渐衰弱,头尾发黑,并伴有腹泻。病蜂失去飞翔力常爬在巢门外的地上,不久即死亡。解剖病蜂,中肠膨大,乳白色,无弹性,环纹不清。在400~600倍显微镜下检查,可发现有大如麦粒状、椭圆形、蓝色折光的孢子。

防治 ①消毒巢脾和养蜂用具。②更换有病蜂群的蜂王。③保证充足优质的越冬饲料和良好的越冬环境。④有孢子虫病的蜂场,在越冬饲料中要加入适量的灭滴灵。⑤用黄色素(吖啶黄)1~2克或灭滴灵2~3片或乌洛托品1克或柠檬酸0.5~1克或醋酸3~4毫升加入500~1000克糖浆中,喂1个标准群,每3~4天喂1次,连续4~5次为一疗程。

(五)螨病

病因 由大、小蜂螨体外寄生致病。

症状 受螨危害的蜂群,成蜂采集力下降,寿命缩短。常见死蜂死蛹遍地,足翅残缺的幼蜂到处乱爬,蜂群群势急剧下降,甚至造成全群、全场群蜂覆灭。蜂群间的盗蜂和迷巢蜂是蜂螨传播的重要途径。

防治 在巢内设有封盖时治螨是最佳时期,如能在蜂群断子后、越冬前治疗2~3次,冬末春初蜂群开始繁殖前再治2~3次,就能有效防治。如果蜂螨较多,到7~8月再进行一次断子治螨,可培育健康适龄的越冬蜂群。常用药剂有杀螨1号、2号、3号、速杀螨、鱼藤精、敌螨熏烟剂、灭螨灵、萘粉等,可任意选购,按说明书使用。

(六)农药中毒

病因 主要是花期使用敌敌畏、甲胺磷、甲基1605等有机磷农药引起中毒。

症状 中毒蜜蜂出现大量死亡,且多为青年采集蜂。死亡前全场蜜蜂呈现极度不安,秩序混乱、性情凶暴,到处蜇人;或先爬出巢门外,在地上翻滚、旋转,身体和足不断痉挛,迅速死亡。列蜂幼翅张开,腹部弯曲,吻伸出,有些中毒工蜂足上还带有花粉团。有些中毒工蜂无力附脾坠落箱底或在巢上颤抖、绕圈,严重时箱底死蜂一层,工蜂无力清除,甚至堵塞巢门。幼虫也由于中毒或工蜂无力饲喂,从巢房内脱出,落入箱底,俗称"跳子"。

预防与急救 ①在正常情况下,严禁在植物开花期喷施农药。②如必须喷药,要提前3～4天通知周围养蜂场,采取相应措施。③急救措施:清除巢内有毒蜜粉,补喂饲料。同时,用0.05%～0.1%的硫酸阿托品或0.1%～0.2%解磷定药液喷脾或饲喂,解毒急救。

(七)敌害

蜜蜂的敌害主要有巢虫、胡蜂、蚂蚁、蟾蜍、老鼠、食蜂鸟等。它们直接侵袭蜜蜂或蜂巢,给蜂群造成危害。应采取针对性措施进行预防。

三、药材的采收与加工

(一)蜂蜜

工蜂酿造的多为天然蜜。目前,我国生产的蜂蜜,有些是未经蜜蜂充分酿造,成熟度不够,含水量较高,易发酵变质,不能供应市场。应推广以"养强蜂,取熟蜜"为中心的生产技术,改变"取稀蜜"的不良习惯。成熟蜜采收后,不经过任何加工、消毒,即可提供食用。在采集蜂蜜前应对摇蜜机、用具和容器进行彻底消毒。摇蜜时严禁混入杂质;摇蜜后,先将蜂蜜放入大缸里静置一昼夜,去掉上浮的泡沫后,再装桶保存。存放地点以 5~10℃、干燥、清洁、通风和无异味的室内为好。

人工采蜜步骤:采蜜者穿好工作服。戴好面网后,首先将蜂巢中要取的蜜脾提出,放在箱内,然后补充同等数量的空脾。再将蜜脾上的蜜蜂抖落在巢门前,用蜂帚扫去残余蜜蜂,即可放在空箱中,搬到摇蜜处待采。

摇蜜前先用热水加温割蜜盖刀,将巢脾放在割蜜盖上,轻轻割去脾上的蜡盖,割下的蜡盖和蜜液置于割蜜盖台里即可。割去蜡盖的蜜脾,可置于摇蜜机的框笼中,两框摇蜜机可放两框蜜脾。然后转动摇把,蜜就借离心力分离到摇蜜机中。摇完蜜的空巢脾要及时送到蜂群中,换出蜜脾继续采收。送回的空脾框之间的距离应加宽 2 毫米,便于多盛蜜。

(二)王浆

王浆是青年工蜂的咽腺和上颚的分泌物。它是蜂王的饲料。故曰蜂王浆或皇浆,同时又是蜂王幼虫及3日龄小幼虫的主要食物,故曰蜂乳。新鲜王浆外观呈乳白色或淡黄色、半透明微带黏性浆状物质。味酸涩微辣,有一点甜味,稍带特殊的香味。

采收时,在蜂群移虫后48~72小时内,检查产卵群,如发现蜡杯都已由工蜂改成王台,王台里的幼虫也已长大,即可取浆。在人工王台中取浆,应在移虫后48~60小时内进行。此时王浆质量好,产量高。大约每4~6个王台可取浆1克。

取浆前,应洗净手及一切工具、容器,再用酒精消毒。在清洁的室内进行。工人应穿工作服,戴口罩及工作帽。采浆时,严禁用口接触采浆工具及容器。先取下各段板条,用小镊子移出幼虫后,再用牛角匙或竹制小匙(不能用重金属匙)挖出王浆,立即放入带色的玻璃杯内,密闭保存于4℃处。王浆中不得混入幼虫、蜡屑等杂物,不得搅拌,不得在露天或阳光直射处取浆,要用消毒布盖好王台。用过的容器、工具必须洗净、干燥、消毒。容器再次盛浆时,应重新清洗消毒。为保持王浆的有效成分和防止发酵,王浆应在5℃以下的避光条件下密闭贮存。

(三)蜂胶

蜂胶是褐色或灰褐色或青绿色的固体黏性物。一般在暖和季节采集,每隔10天左右开箱检查蜂群时在蜂箱缝间刮取,然后紧捏成球形,包上一层蜡纸,放入塑料袋内,置凉爽处贮藏。

（四）蜂蜡

蜂蜡多为不规则块状，大小不一，全体呈黄色或黄棕色，不透明或微透明。表面光滑，触之有油腻感。以有蜂蜜香气者为佳。蜂蜡再经熬炼加工即成白蜡。

黄蜡在春、秋两季采用，将取去蜂蜜后的蜂巢，入水锅加热熔化，除去上层泡沫杂质，趁热过滤，冷后结块，浮于水面，取出风干晾干，这样可去掉外部杂质。摇蜜割下的蜜脾蜡盖，应及时化蜡，久贮则会遭到巢虫的毁坏。熔蜡时温度不能超过58℃，水不能太少。蜡液易燃，严防失火。蜡液接触铁、铜、锌等金属器具会变色。

成品蜂蜡用麻袋包装，宜贮于干燥、通风处。要勤查，若发现虫蛀，应及时处理。

（五）蜂毒

现在常用电刺激器取毒，将取毒器置于蜂箱口，工蜂接触刺激器触电，即排放蜂毒，并用螫针刺塑料薄膜，此时蜂毒即排在膜上，不久就结晶成小片，刮下后即为纯净蜂毒。

（六）取花粉

拔去原巢门板，换上花粉截留器，使蜜蜂采回的花粉团截落，并在巢门及巢门踏板上平铺一层塑料薄膜，安装托粉盘，每天收集1~2小时。收集的花粉可平摊在纱框上，上覆一层纱布，置阳光下晒干。当花粉含水 2.5% 时，将其放入食品袋充氮保存。或用蔗糖腌制，每千克花粉加蔗糖 0.5% 千克，混合捣实，上层盖 3 厘米厚的蔗糖，然后密封保存。

甜蜜的事业

养蜂是一项甜蜜的事业。郭佃春 20 年来矢志不渝地发扬"小蜜蜂精神"，不仅给自己和父老乡亲带来经济收入，而更重要的是通过蜜蜂的传播花粉，为农林业带来丰收，其社会效益无法估量。郭佃春的成功经验可以归结为一句话：负重拼搏，上下求索，苦干巧干，不懈追求。

蜜蜂又名中蜂，属于一种常见的药用节肢动物，在动物分类学上属于昆虫纲、膜翅目、蜜蜂科。以其采集花粉经蜜胃酿造而成的糖类物质（蜂蜜）为药。其分泌物王浆、蜂胶、蜂蜡和蜂尾刺蜇放出的蜂毒以及幼虫亦可供药用，药材分别为王浆、蜂胶、蜂蜡、蜂毒、蜜蜂子等。蜜蜂产品除有很高的药用价值外，蜂蜜、王浆等还是重要的营养保健品。随着人们生活水平的提高，对蜂产品的需求量将越来越大。因此，养蜂业以及郭佃春使用的养蜂实用技术，有广泛而长远的前景。

蜜蜂在全国各地均有分布和养殖，广大农村有志青年均可以从事这项事业。如果仅是为了取蜜，只需投资制作蜂箱，购置摇蜜机以及一些如滤蜜器、割蜜刀、起刮刀、蜂刷等简单生产用具即可。据测算，养 10000 只蜜蜂，各项投资只需

1000多元,而蜂蜜收入年可达20000元左右,投入产出比为1:20左右。所以,养蜜蜂是农村增收致富的重要门路之一。如果在果园内养蜂,还可提高产量,增进品质,获得更大的丰收。但目前因农作物广泛使用化学农药防治病虫害,使蜂蜜生产受到严重威胁,养蜂者必须正视这个问题,采取防范措施。

勇立潮头前
养奶牛致富记

在四川绵阳涪城区青义镇青羊村,人们只要一提起向圣军,无不称赞他是农民勤劳致富奔小康的带头人。他的事迹在当地传为佳话。

向圣军,一个有经济头脑的人,他喜欢和市场打交道,他喂养过鸭子,跑过出租车,搞过建筑,经营过农用运输车,成立过机械装载队,在外闯荡了数年,现在又成了砂石场老板、奶牛养殖专业大户,有了自己的筑路队。

敢闯敢干让向圣军积累了不少经验,也为他的成功打下了基础。他出生于一个穷人家庭,文化程度只是初中。向圣军是一个不安于现状的人,要想以后日子过好,还得自己去闯。于是他在1986年大胆做出决定,自己既当老板又做小工,贷款买车跑沙石运输。他起早摸黑,找货源和工地,吃苦耐劳地干活,终于使自己成为青羊村较早的小康户。

1997年,他开办了"盛世沙石场",由于砂石质量好、价格公道,他的生意越做越好,几年下来他不但还清了贷款,而且还配备了挖掘机、装载机、运输车,固定资产达几百万元。为了帮扶村里人共同致富,他又先后安置了村上20多个劳动力在沙场,为村民增收提供了一条道路。

向圣军富裕起来了,有了自己的小车,住上了独家小楼,但是致富不忘本,当了老板的向圣军并没有沾染上"铜臭气"。几年来他为村上、镇上做了太多的好事,助残帮教,脱贫致富……一方面他喜欢做善事,另一方面他也积极向党组织靠拢,于1997年递交了入党申请书,积极要求上进。因此,在村民眼中,他仍然是那个有头脑、更有良心的"圣军"娃,他成了当地年轻人的榜样。

1998年在青羊村村支两委换届选举中,向圣军这个"排头兵",凭着自己的踏实、肯干、热心助人,有较高的政治觉悟和农业科学技术水平,办事能服众有威望,以绝对票数由普通的村民当上了青羊村的村主任,在照顾"小家"的同时,责无旁贷的他又挑起了照顾"大家"的担子。

向圣军当上村主任后,他想:既是领着村民干,就要先做出表率。于是2000年,他又与奶牛打上了交道。在当时整个涪城区青义镇的奶牛基地是较早的,到现在,他的奶牛养殖上了档次,建立了规模的奶牛养殖场,喂养了44头奶牛,并请来奶牛专家指导科学养牛,提高了牛奶质量。

在青羊村,一头奶牛一年能获利1500元,全村共养殖343头,仅此一项,一年就可获利51.45万元,人平纯收入增加200多元。另外,在近年的农业结构调整中,向圣军和村委会一班人引导村民向荒山要效益,发展种养殖业,先后在花果山种植了13.34公顷梨树,五星果园发展了6.67公顷柚子,引来多家"农家乐",扶持了多户奶牛、鸡鸭、大棚蔬菜、花木种植专业大户,利用种养殖业带动村民增收。如今的青羊村集体资金已有 40 多万元,比向圣军上任前增加了 30 多万元,2000 年村人均纯收入 3397 元,比 1998 年增收 186 元。

向圣军的付出与收获成正比,由于他不平凡的业绩以及他坚忍不拔和自强不息的精神,1999 年他无可争议地被评为"涪城区十佳青年星火带头人"。

精心养奶牛

一、选择品种

不论是建立一个新牛群或是维持原有的老牛群,养牛者都必须考虑自己的牛群是否能达到高产、优质和高效益。首先要看所饲养的品种是否恰当。当前,全世界的奶牛品种,主要有荷斯坦牛(又称黑白花牛或荷斯坦一弗里生牛)、娟姗牛、更赛牛、爱尔夏牛及瑞士褐牛。其中,荷斯坦牛遍布全世界,已成为国际性品种。因其体型大、产奶高,现已成为全世界奶牛业的当家品种。有些国家的奶牛,95% 以上都是荷斯坦牛。我国自 19 世纪 60 年代开始,从国外输入少量的荷斯坦牛(黑白花)与当地的母黄牛进行杂交,形成大量的黑白花奶牛。以后,又不断从国外引进优良种公牛与原有黑白花奶牛配种,经过几十年的努力,终于在 1987 年由农业部命名为"中国黑白花奶牛"。但国际上统称的"黑白花奶牛"中,已衍生出一种红白花奶牛,其特征除毛色为红白花色外,体型、生产性能均与黑白花奶牛相似,1992年农业部根据中国奶牛协会的建议,将"中国黑白花奶牛"更名为"中国荷斯坦牛"。因此,向圣军便选择了该品种。

二、高产奶牛的饲养

(一)日粮结构与精粗料比例

泌乳量在35~45千克/日的高产奶牛,其典型日粮是精料:粗料:糟粕类(啤酒糟、豆腐渣、饴糖糟等)必须保持在60:30:10,粗纤维为14%~15%,才能保证营养水平,维持瘤胃正常发酵、蠕动、嗳气和反刍等机能。发达国家奶牛的优质饲料,其日粮精粗比例多为50%:50%,或60%:40%。日粮中大都没有糟粕类高水分饲料,其粗料多为优质苜蓿干草、优质禾本科干草或优质带穗玉米青贮,粗纤维为15%~17%。而国内饲养的商品奶牛由于优质干草数量少,仅有中等质量的羊草和一般玉米带穗的青贮饲料,所以产奶量不高。

对于日产奶量高于35千克的高产奶牛,一般条件下必须喂给高能量饲料。但加精料,极易出现精料与粗料的不平衡现象。当精料比例高于70%、产奶净能高于7.782兆焦/千克干物质时,奶牛会发生消化机能障碍、瘤胃消化不全、瘤胃酸中毒和乳脂率、产奶量下降等问题。而当奶牛日粮精料比例在40%~60%之间时,或产奶净能为5.774~7.197兆焦/千克干物质时,则可保证母牛瘤胃正常发酵、蠕动,有足够强度的反刍,且可在能量和蛋白质等养分上提供其产奶需要,发挥正常的泌乳遗传潜力和泌乳机能,保持母牛的产奶性能,进而提高产奶的饲料转化效率。在精料给量占日粮干物质量60%~70%的情况下,为了优质牛的正常消化机能,防止前胃弛缓,保持乳脂率不下降,则要添加缓冲剂。

(二)能量和蛋白质饲料的组成

所饲养的高产奶牛,其能量饲料是玉米、次粉与麸皮;蛋白质饲料是豆饼、豆粕、花生饼、棉籽饼(粕)、葵籽饼、菜籽饼(粕)、胡麻饼(粕)、啤酒糟、饴糖糟、豆腐渣等,有时还有鱼粉、肉胶蛋白、玉米蛋白粉、酒精糟(干)等。一般大多是以豆饼(粕)为主,间有一部分其他饼(粕)类,而高产奶牛除精料蛋白质饲料以外,还要有约占干物质总量10%的鲜糟粕类蛋白质饲料才可满足需要,其中特别是过瘤胃蛋白质的需要。

国外的高产奶牛日粮中,其能量饲料以高水分玉米、大麦为主,尤以高水分玉米所占比例较高;蛋白质饲料则为豆饼、全大豆、棉籽饼和全棉籽,其组成不仅满足了日粮蛋白质和过瘤胃蛋白质的需要,而且也提高了日粮中的能量浓度,因为全大豆或全棉籽内含有脂肪18%~20%。其日粮结构中粗料虽占50%~55%,但由于粗粒质量好,其产奶净能为6.36兆焦/千克干物质,再加上精料中有全大豆和全棉籽,因而日粮总的产奶净能高达6.904~7.238兆焦/千克干物质。

（三）无机盐的应用

奶牛粗料中，一般为食盐1%、骨粉2%、石粉或牡蛎粉1.5%~2%。近几年来，则另加0.25%~0.5%的碳酸氢钠，但多用于夏季或高产奶牛精料中；有些牛场喂用食盐2%，我们认为高了一些，这会使产后母牛乳房肿胀加重、时间延长。国外磷源多用磷酸氢钙或磷酸氢钠，用量为精料量的0.6%~1.4%，钙源多用石粉，用量为精料的1%~2%，与国内给量近似。其食盐喂量多为1%。有时还加氧化镁，用量为精料的0.2%，用来防止高产奶牛缺镁，并可作为瘤胃缓冲剂。

1. 缓冲剂

奶牛日粮中添加适量的缓冲剂，可改善高产奶牛的进食量、产奶量、牛奶成分，有利于牛的健康，还可防止瘤胃酸中毒，调节和改善瘤胃微生物的发酵效果。

（1）应用条件　在下列条件下需应用缓冲剂：①泌乳初期的高产奶牛；②日粮中有50%~60%以上的精料；③粗料几乎全是青贮饲料时；④泌乳初期，其日粮又为高精料、高糟渣类饲料，且粗料的质量又很差时；⑤当泌乳牛群中所产常乳的乳脂率明显下降时；⑥夏季泌乳牛食欲下降，进食干物质明显减少时；⑦当泌乳牛日粮从粗料型转换到精料型时（其精粗比为60%:40%以上）；⑧当日粮是精料和粗料分头单独饲喂时。

（2）缓冲剂的种类和用量　一般以碳酸氢钠为主，碳酸钠(食用碱)亦可,但对日产奶量高于30千克的高产奶牛,还要另加氧化镁或膨润土等。

碳酸氢钠的用量:按日粮干物质进食量计算为0.7%~1.5%;按精料计算为1.4%~3%。

氧化镁的用量:为日粮干物质量的0.2%~0.4%;或为精料用量的0.6%~0.8%;或用2~3份碳酸氢钠与1份氧化镁混合,其给量为日粮总干物质的0.8%~1.2%,或混合精料的1.6%~2.2%。

膨润土的用量:为日粮总干物质的0.6%~0.8%;或精料量的1.2%~1.6%。

碳酸钠的用量与碳酸氢钠完全一样。

(3)缓冲剂的作用机理和功能 缓冲剂的主要作用是改善牛的饲料进食量,提高或稳定产奶量,保持乳脂率不下降,甚至可提高乳脂率0.4~0.5个百分点。缓冲剂的功能是使瘤胃、肠道内容物和体液的氢离子浓度保持正常,缓冲瘤胃内挥发性脂肪酸对氢离子浓度的影响,防止瘤胃酸度上升,保持了瘤胃内的正常氢离子浓度近于158.5纳摩/升(pH值6.8),因而有利于瘤胃中细菌的有效繁殖;增加瘤胃液的外流速度;增加乙酸的浓度,提高乙酸、丙酸的比例,进而提高了乳脂率。

氧化镁也可作用于乳腺组织,提高对乙酸的吸收率,并可缓冲后肠的氢离子浓度,从而有效地防止乳脂的下降。

膨润土用来做颗粒饲料的粘合剂,或者为生产高水分颗

粒饲料的干燥剂,也可做饲料的缓冲剂。精料中加 3%~4% 的膨润土,可使乙酸、丙酸的克分子浓度增加,并可提高牛对钙、磷、镁的利用效率。

缓冲剂还能有效地防止牛发生瘤胃酸中毒,在喂高精料时均可应用。

2. 维生素 B(烟酸)

泌乳初期瘤胃微生物合成烟酸的数量不足,高产奶牛可能产生酮症。患酮症的母牛每天投给 12 克烟酸,连喂数天,当 5~9 天时血酮和牛奶中酮体下降,可防止母牛发生酮症,产奶量可明显提高。夏季,对高产奶牛每日每头增加 6 克烟酸也可增加产奶量。

3. 生长激素(BST)

近 10 余年来的研究表明,用基因工程重组技术生产的生长激素(BST)处理泌乳牛,可提高产奶量 20%~40%,且牛奶成分与一般牛奶完全一样,母牛体质健康情况也正常。

(1)作用机制 ①可减少牛肌肉组织内葡萄糖的氧化;②增加乳腺组织对营养的吸收利用能力;③可减少尿氮的损失,使体内氮平衡,调节体内养分平衡与正常代谢;④增加牛的干物质进食量 9%~15%,提高糖类、脂肪酸的代谢能力,调节能量、蛋白质、脂类和无机盐的代谢过程,从而满足高泌乳量对养分的需要。注射生长激素(BST)的奶牛,其饲料进食量、体重变化、泌乳生理等与高产奶牛十分近似。

(2)应用方法 因生长激素(BST)为蛋白质激素,口服会在消化酶的作用下失去活性,故必须用注射法。用量:间隔2周注射500毫克/头,或间隔4周注射960毫克/头。于母牛产后50天或产后第三四个泌乳月开始注射,效果良好。泌乳初期,由于母牛能量处于负平衡状态下,不宜使用。

应用后产犊间隔的控制,目前国外推荐为12~13个月,注射生长激素(BST)时,必须推迟产后授精时间,略延长产犊间隔,可改善母牛受胎率和减少发病率,同时还可延长奶牛的利用年限,产犊数稍减少,但奶的成本下降。

应用后的管理要求:注射2~3天后产奶量开始增加,最迟从产奶增加后的4~8周应增加日粮干物质进食量,以满足产奶所需的养分。在增加干物质进食量之前,由于牛体组织中的养分已作为能量被用来产奶,故对于注射牛要保持良好的膘情。对于应用生长激素(BST)奶牛的日粮设计,应按高产奶牛对待,大约其干物质进食量增加4%~16%。例如,日产奶量为36千克的高产奶牛,饲料中能量浓度不变,干物质增加5%时,产奶量增加7.5%;或干物质增加10%,产奶量增加15%。同时,要提高日粮能量浓度,提高精料比例,用高能量原料,以及棉籽、大豆或保护性脂肪、保护性氨基酸等。实践表明,生长激素(BST)和保护性脂肪、保护性氨基酸同步使用,能显著增加产奶量。

4. 其他添加剂

(1)异位酸型添加剂 干泌乳牛精料中加入1%该添加剂,试验组牛产奶量提高15.4%(3.3千克/日·头)。又据

试验,200余头泌乳牛,最高增产牛奶4.13千克/日·头,最低增产0.681千克/日·头。增幅高的试验点的58头试验牛在用该添加剂21~30天时,平均提高单产3.65千克,增幅为17.08%,而且乳脂率有提高的趋势。饲料转化率提高,可节省精料20%。

(2)沸石 奶牛精料中添加4%~5%沸石,试验组比对照组牛产奶量提高1.44~1.46千克/日·头(8.01%~8.35%)。

(3)稀土 添加稀土产奶量提高了21.52%,同时乳脂率由3.81%提高到4.2%。其有效稀土量为40~45毫克/千克。

(4)保护性氨基酸 每日每头产奶量30千克的高产奶牛,添加保护性赖氨酸7克、保护性蛋氨酸5克,试验组奶牛比对照组奶牛标准产乳量提高了9.1%。

(5)保护性脂肪 在奶牛日粮中添加日粮总干物质3%的脂肪酸钙盐,使日粮脂肪水平达到5%~6%时,其利用率最佳,产奶量增加2.4千克/日·头,乳脂率提高0.05%,但其日粮中钙应为0.9%~1%,镁应为0.3%时才行。喂给方式亦可用全大豆、全棉籽或全油菜籽直接混合于精料中,用来提高日粮脂肪水平。但仍以另增加3%脂肪为度,若脂肪过高会使瘤胃的发酵活力下降。

三、怎样治疗奶牛乳房炎

目前,各地奶牛饲养方兴未艾,而不少饲养者对奶牛患上乳房炎缺乏正确的应对措施,为此特将摸索总结的治疗经验介绍如下:

(一)临床症状确诊:乳房红肿,泌乳减少,乳腺淋巴结肿大,乳汁变性,初呈淡水,后为浓稠,混有黄色絮状物,重者带有血丝或脓液,混有粒紫或凝块,有臭味,严重者发热,食欲减退,精神不振。

(二)中西药治验方

(1)发病初期,患部红肿热痛,实施冷敷,第3~4天时改为热敷;若有硬结者涂擦鱼石脂软膏。

(2)抑菌消炎。使用青霉素80万单位,硫酸链霉素240万单位,或静脉注射10%葡萄糖500毫升,青霉素240万单位,维生素C 0.5克2支;也可用青霉素G 10~40万单位,配制成50~1000毫升,每日1~3次。疗程2~7天。

(3)用0.5%盐酸普鲁卡因注射100毫升,在乳房基部注射作封闭疗法,控制炎症蔓延。

(4)脓肿形成后,切开排脓,用生理盐水冲洗,用生肌散填塞术腔,每天一次。

(三)注重两个护理

1. 疗前护理

把患病乳室中的乳汁及分泌物挤干净,有利于病菌与毒

素的排除,有利于药物的扩散和吸收。

2. 平时护理

(1)挤奶前用40~50摄氏度温水洗净乳房,先用带水较多的湿毛巾擦洗,后用拧干的毛巾擦净。挤奶时要注意操作方法,不要拉长乳头捋奶;机器挤奶,负压不要过高,频率不要过快过慢,防止空挤。挤奶后用药液浸浴乳头,常用的药液有3%~5%次氯酸钠、0.5%碘酒、0.5%洗必泰、0.1%新洁尔灭等。

(2)在挤奶过程中,要随时检查乳房和奶汁的情况,每4~6个月进行一次乳房炎普查,发现有病,及早治疗。

致富好门路

从畜牧业的角度看,发展草食动物,特别是发展饲料转化率占第一位的奶牛,通过它把人类不能吃的杂草、农作物秸秆、工业副产品以及尿素等非蛋白氮转变成人们所需要的奶、肉等高营养食物,这是我国提高生活质量的一项非常重要的措施。

向圣军认清了这个形势,在经历了许多磨难之后,认准了养奶牛这个项目,不但自己成为了养牛大户,而且带领全村人养牛。他的成功经验就是敢闯敢干,并刻苦学习钻研养牛技术。其养奶牛的技术系通过向畜牧专家学习,再加上自己的探索,有普遍推广意义。

养奶牛在全国各地,每个农村家庭都可以开展,可以从少到多,可以从初级家庭奶牛到高级家庭奶牛,实现规模化、产业化养殖。但是,从事这项十分有前景的事业,必须考虑以下一些问题。

一是投入。目前一头良种奶牛的价格在8000~10000元,规范化奶牛舍及养牛设备投入也较大,这是养殖户首先应该明确的,即要有足够的资本。

二是必须选择好品种。中国荷斯坦牛目前已成为我国供给居民鲜奶和乳制品的主要优良品种,它365天成年当量(也就是成年时的奶量),平均已达到8780千克,乳脂率也达到3.6%。同时,抗病力强,在体型上克服了斜尻,乳房下垂,肢蹄不良三大缺点。

三是奶牛的生产过程比较复杂。其繁殖、饲养、管理和改良工作技术性都较强,除了自己学习一整套养殖技术外,应请本行专业技术人员指导。此外,要特别注意预防疫病的发生,笔者就亲眼见一养牛大户的48头奶牛因传染上"口蹄疫",而全部杀掉销毁的事,带来重大经济损失。

四是养奶牛虽然成本高,但利润也高。以向圣军所在村为例,一般一头奶牛一年能获利1500元左右,当年可收回成本。但是,应该与当地乳制品加工单位签订供销合同,以出售鲜奶获利最直接,最便捷。

"一杯牛奶强壮一个民族"。目前,随着人民生活水平的提高,牛奶已进入千家万户,但需求量仍然很大。发展奶牛业将是一件兴旺发达的事业,也是农村增收致富的好门路。

穷则思变
养七彩山鸡发财记

马贵生,是陕西省北里红柳河村的人,初中毕业后回家,先是种庄稼,烧砖、瓦,后养起了七彩山鸡,终于致了富,发了财,成了远近闻名养鸡状元。

这个红柳河村,自然条件十分恶劣。生活在这里的山里人老实厚道,没见过大世面,整年整月守着山地种庄稼,一辈子勤扒苦做,面朝黄土背朝天,日出而作,日落而息,到头来只能填饱肚子,是陕西省有名的一个穷村,国家"扶贫办"的名册里都有它的名字。

马贵生祖祖辈辈都生活在这里,初中毕业后,爹娘为了让他以后能有出息,将他送到外地学了一个烧窑的手艺。在这山区里,能够就地取材烧砖、瓦卖,就算是一个好的生财之道了。马贵生农忙帮爹妈种地,农闲就烧窑,每天起早摸黑、辛辛苦苦地砍柴、和泥、做瓦、做砖、烧坯,成了北方一个典型的"烧炭人"。有时烧得好,还能赚几个钱,有时火候没掌握好,一窑砖瓦大部分报废,就这样,一年累到头,顶多有两三千块钱的收入,想起二老为了他读书学手艺省吃俭用劳累一辈子,到晚年也得不到幸福,马贵生经常对着砖窑流出辛酸的眼泪……

穷则思变。马贵生想,自己是爹娘的惟一希望,年纪轻轻身体好力气大,又有点文化,难道就不能发家致富吗?我一定要走出贫穷的困境,给爹娘、给山里人一个样子看……

马贵生心里憋足了劲,到处打听致富的门路。同时,利用赶场天和进城买了很多报纸和书籍,一方面寻找信息,一方面学习技术知识,不断充实自己。

一天,马贵生到乡政府办事,乡长刘茂生,热情地叫他到办公室,拿出一份国家扶贫办的"简报"来,对他说:"贵生啊,你看这简报上介绍的养七彩山鸡的事我认为咱们这个地方很适合,你带回去仔细琢磨琢磨,能不能带个头啊。"马贵生好一阵高兴!谢罢乡长回家之后,把"简报"读了一遍又一遍,想了一夜又一夜,一下心里亮堂起来,不禁对上面介绍的七彩山鸡产生了浓厚的兴趣。他又赶到城里买了一本《七彩山鸡养殖新技术》,详细地一边读一边想,心中渐渐有了底,当即把养殖七彩山鸡的想法给爹娘讲了,二老非常支持,拿出了三年来卖砖、瓦一直舍不得用的5000元钱交给他去购种鸡。

1998年6月13日,马贵生来到西安市农业局特种养殖场。工作人员将他带到培训中心会议室,只听一位年轻的专家正在向满屋的人介绍七彩山鸡的特性、养殖技术、市场前景。之后,又放映一盘录像带。真是字字有理,句句实在,处处现实,马贵生的一切顾虑全消。于是,拿出5000元钱买了10组山鸡种鸡,并与养殖场签订了回收合同,高高兴兴地打道回家了。

回到家里后,马贵生严格按照专家讲的和赠送的技术资料上的要求,把窑场的茅草屋打扫干净,粉刷消毒,在室外架起竹竿,用尼龙网把天上和四周封好,免得山鸡到处跑。在屋内,安装了水槽、食槽,把高粱、玉米、大麦、小麦、米糠、花生叶、红苕藤等粉碎加工后,搭配一些蔬菜叶,再加少量的鱼粉、骨粉和土霉素粉配合成合成饲料进行喂养。很快母鸡就开始下蛋了,30天时间总共下了1000多枚蛋,堆了整整两大筐。这时,他又腾出一间约20平方米的小房,把门窗封严,在屋里安置三张小床,先垫上一床旧棉絮,把山鸡蛋平平整整放在上面,再盖上一床棉絮进行小鸡的孵化。经过20天时间,第一批小鸡破壳而出,以后继续孵出了800多只小鸡。种鸡不停地下蛋,孵鸡不停地进行,马贵生的养鸡场不断扩大,山鸡越来越多,一群群,一片片,一直发展到近万只。

上万只山鸡在马贵生一家人的精心喂养、认真管理下,三个月后,一般都长到1.5千克左右。这时,他挑选了100多只山鸡到城里的餐馆、酒店去试销。店老板看到这些五颜六色的山鸡又肥又嫩,十分漂亮,还以为是从山里捕捉来的野鸡。问多少钱500克,马贵生说就算15元吧。一个店家老板欲全部买下,可他不同意,说:"咱是边销边做广告的,先卖给你5只,留下咱家的地址,欢迎你到鸡场来选购。"这天,马贵生的试销山鸡卖到了20多家餐馆,它们像宣传机一样撒播到全城里。

马贵生从城里试销山鸡回家不到一个月,城里的几十家餐馆、饭店、宾馆的采购人员和商贩们,纷纷来到他家养鸡场买山鸡。马贵生为了把生意做活,他压低价格只卖12元钱500克。同时,对当天不能回城里的,他让其住在家里,吃住全免费。这一招果真灵,来买鸡的人越来越多,不到一个月光景,除了留下的1000只种鸡外,其余的全部一销而空。马贵生同爹娘一起把钱从木箱里拿出来一清点,嗬,除掉成本,净赚了16万多元,一家人的心里顿时乐开了花。

马贵生养山鸡发财的消息不胫而走,来到他家学习、取经的人络绎不绝。一天,西安市一家肉食品公司的业务经理慕名来到他家,同他商谈把山鸡肉加工成罐头、香肠等,要跟他签订长年供货合同,马贵生欣然应允,当即按"利益均沾,风险共担"的条件签订了"订单"合同。从此,马贵生走上了更大规模的山鸡养殖业道路。

七彩山鸡育肥妙方

马贵生在养七彩山鸡中,摸索出了一套育肥妙方,即从5月龄开始至16月龄的饲养管理方法:

一、合理饲喂

采用原粮饲喂的,可适当增加玉米、高粱等能量饲料的饲喂比例:玉米40%、小麦5%、炒熟的豌豆20%、菜籽饼15%、麦麸5%、米糠4%、骨粉1%,另每吨饲料中加入食盐2.5千克及适量微量元素。购置家鸡饲料的,可购买肉鸡生长料进行饲喂,并保证充足的饮水,添加10%~20%的青饲料。每周让其沙浴一次,在河沙中喷入2%的敌百虫溶液,以杀灭体外寄生虫。

二、控制密度

初期(5~11月龄)每平方米养10~12只,以后可按公母、强弱、大小进行分群饲养,使其密度逐步降至每平方米6~8只。同时,应设置足够的料槽,以供均匀采食,生长一致。

三、设栖架,防啄癖

山鸡鸡舍内外应放置栖架,供其飞攀栖停,这样不仅可充分利用养殖空间,而且有利于减少啄癖。在高密度饲养中,山鸡容易发生啄羽、啄肛等。发现有啄伤的鸡,应将它提出,并在伤口处涂紫药水或樟脑软膏,隔离饲养。山鸡互相啄打较严重时,应进行调控,方法有:①在舍内挂青草或青菜,引诱山鸡啄菜而分散其啄羽的精力,同时也补充了维生素和纤维素;②在9~11月龄时,在饲料中加入1%的羽毛粉;③将饲料中的食盐提高到2.5%,或在饮水中添加适量的食盐,并保证供水充足。

四、做好防疫工作

鸡舍应每天清扫,每周用百毒杀等消毒剂进行一次鸡舍消毒,鸡舍出入口也应设消毒池,外来人员和车辆未经批准和

严格消毒,不准进入鸡舍范围。8~9月龄时进行新城疫Ⅱ系疫苗饮水接种(按注射用量的2倍)。育肥期间若遇连绵阴雨天气,应在饲料中添加0.04%的土霉素或其他抗生素,以预防禽霍乱或球虫病的发生,一般投药1周,停1周后再投药1周,才能达到预防的目的。

五、严格防治疾病

(一)白痢病

由鸡白痢沙门氏杆菌引起的一种传染病,主要症状是鸡排白色稀粪,病鸡怕冷、身体蜷缩、翅膀下垂。治疗方法:用0.03%呋喃唑酮拌入饲料内,服3天,停2天,一般5~7天一个疗程。

(二)霍乱

由家禽马氏杆菌引起的一种急性、败血性传染病,会带来毁灭性的灾害。急性霍乱症状主要表现为精神沉郁、背弓、少食或不食,常有剧烈腹泻,粪便为黄绿色或灰白色,病程一般为1~3天。主要防治方法有:①预防:严格遵守卫生防疫制度;90~120日龄时接种氢氧化铝甲醛疫苗。②治疗:在饲料中添加0.5%的磺胺二甲基嘧啶或磺胺噻唑,并加入少量小苏打,以减少副作用;肌注硫酸庆大霉素2万单位/只,每日2次,连用3天,同时配合口服补液盐饮水。

(三)球虫病

是由一种由单细胞构成的原生动物——球虫引起的急性

流行病,死亡率高。典型症状为:病鸡精神沉郁、羽毛松乱、消瘦、血便。治疗方法:饮用青霉素水,每只雏雉每天2000单位,成雉3000~5000单位,连饮5天;每50千克饲料中加入克球粉、氨丙啉或球痢灵6~7克喂服,从10日龄起连喂45~60天。

冷静对待

近10多年来,七彩山鸡的饲养和食用风靡世界各地,成为特种禽类养殖业中突起的异军。美国七彩山鸡是我国雉鸡的华东种经过美国驯化、选育而获得的一个优良品种,1986年,我国从美国内华达州引进饲养。由于其营养价值、医用价值、观赏价值、狩猎价值及经济效益较高,具有广阔的市场前景,深受养殖者欢迎。

但是,由于饲养七彩山鸡的投资较大,饲养技术要求较高;同时,作为一种肉用野味珍禽,目前主要供应外贸出口和宾馆、餐馆,而家庭对七彩山鸡需求的市场还正在培育中。因此,饲养者必须引起足够的重视。

养蝎成"财"女
她的养蝎发财记

在湖北省安吉县郭店村有一个靠养蝎子致富的女青年,通过养蝎几年赚了36万多元,并带领乡亲们养蝎致富。她的名字叫郭小丽。

1998年,郭小丽高中毕业,参加高考以1分之差落榜了。父母20年巴望她跳出农门的希望都让这1分付之东流。

沉重的打击让郭小丽一时难以接受。她想着还不到50岁就头发白了一大半的父母亲,想着破旧不堪而借债上千元的家,想着脸色菜黄的弟弟,突然觉得这个"穷"字重千斤的家,只有靠她这个当姐姐的又有一定文化的人来支撑。可是,家乡土地贫瘠,世代耕田种粮也只能填饱肚子。她纵有满腹的墨水也换不来钞票呀!眼见又要开学了,弟弟的学费还没着落,她一次又一次问自己:郭小丽呀郭小丽,难道你10多年的书就白读了吗?难道让你的弟弟也重蹈覆辙吗?……不行,得振作起来,寻找致富门路,尽快让家里富裕起来,让全村人富裕起来,只有这样,才能不辜负党和人民的培养,父母的养育!

主意一定,郭小丽便四处寻找致富门路。一天,她到乡农技站买农药时看到《湖北科技报》上刊登的一则"武汉东西世纪农业生态园"特种养殖项目介绍。她把这张报纸借回家,只见其中一篇介绍蝎子的市场开发前景及培训人工养蝎的文章中写道:蝎子是传统的名贵中药材,也是出口的重要药材品种之一,完整干燥的虫体入药,医学上称为"全虫"、"全蝎"、"主薄虫"等。近年来,由于东南亚全蝎价格大幅度上升,极大地刺激了人们捕捉野蝎的积极性,加上荒山大量开垦,农药化肥污染,致使野生资源枯竭,而价格又逐年上升,反过来又刺激人们大量捕捉,造成恶性循环。为了保护生态环境,国家科委将"人工养蝎"列入"星火计划",规定家庭养蝎长期免征所得税。由此看来,人工养蝎不仅能创造出很高的经济效益和社会效益,而且是一项利国利民的伟大事业。

郭小丽读罢,怦然心动,但静下来一思索:蝎子是毒虫,人工养殖有没有危险呢? 其他地方有成功的先例吗? 正当她在犹豫中时,1998年3月9日,中央电视台报道了下岗女职工李秀玲由1300多只蝎子起步,发展到25万多只,收入达13万多元。这时,她的信念坚定了,决心筹款引种。当她找到村委要求贷款,村长郭庆国非常支持,并说:"你大胆地干吧,村两委一定全力帮助你。但要干就要干好,不但要自家致富而且还要树立榜样,带领乡亲们尽快脱贫致富。"

1998年5月10日,郭小丽揣着贷来的8000元钱,在蝎子引种的最佳季节去了武汉。

在武汉"世纪农业生态园",她先听了3天专家的养蝎技术培训课,又去武汉市农科中心特种养殖园参观了规模宏大

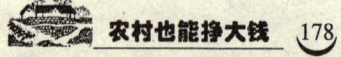

的养蝎场。在确信自己已掌握了全套养殖技术后,购买了5组种蝎兴致勃勃地回家了。

回到家里,郭小丽把自己住的那间屋腾出来,同父母一起用水泥、砖块做蝎池,先在池底铺上沙土,接着立体交叉放上砖块,再把种蝎放进去。她严格按照学到的技术,用蚯蚓和黄粉虫精心饲养它们。没想到一个月之后,孕蝎便开始产仔了,一胎有产50多只的,看着母蝎背上爬满了密密麻麻的小蝎子,父母的眼睛亮了,一家人都全力投入了蝎子的饲养中。几个月后,仔蝎都成了成蝎。看着一条条又肥又壮、密密麻麻爬在砖孔里的蝎子,久违的笑容洋溢在全家人的脸上。但郭小丽并没有陶醉,她继续精心管理,经过一段时间的催肥,成蝎长成了商品蝎。

蝎子养出来了,怎样销售呢?郭小丽打电话到购种单位,一位姓吴的同志告诉她,凭引种证明包回收,现金结算。全家人高兴起来,一起按收购单位要求的办法,将蝎子制成干品,一称重量,嗬,共有70多千克。父亲同她一道将干蝎运到"武汉东西世纪农业生态园"产品回收部,经验货,按每千克850元,共计卖了6.1万元。

接着,郭小丽的第二批、第三批成蝎又相继出售了,仅两年多时间,靠养蝎子净赚回17万多元。她家不仅在郭店村第一个盖起了小洋楼,而且还办了一个养蝎培训班,向村民传授养蝎技术,许多村民都走上了养蝎致富的道路。

养蝎要诀

一、养殖方式

(一)池养

这种方法是目前大多数养蝎户(场)所采用的方法。养殖池建造在室内,应便于控制温度,便于加温,切忌建造在堆放过农药、化肥、沥青或其他化学药品的房间内;若建造在室外,可考虑建半地下式的房间或塑料大棚。总之,应考虑到蝎子的生活习性,有利于蝎的生长发育和繁殖。

池养蝎可在室内一角或两边筑池,也可在室外向阳靠墙搭几个平方米简易棚子筑池。池宽1米左右,高2米左右,长不限,若建3层池,约1.80米高,每层间隔0.60米,长度不限。并在下两层的正面留有40厘米左右的池口,以供操作和观察。蝎池用砖块、土坯或石块砌成。池壁厚度10~15厘米,池的外壁用泥或水泥抹光。池口四边用5厘米左右宽的硬塑料纸或5厘米宽的玻璃嵌牢,也可用木胶水粘贴,以挡蝎子爬出。在池中心离四边15厘米左右用砖瓦、石块或土坯平垒起多层留有1.5厘米左右空隙的"假山",供蝎子栖息。"假山"的高度略低于池口。在池内筑有水槽,供蝎子吸水。

养殖池的大小,可因地制宜,一般应以养蝎子的数量多少而定,通常以560只成蝎需修建1立方米空间。根据房间大小来确定建池数量。蝎池与蝎池之间应留凹型通道,供一人通过,便于日常管理和操作。

养蝎池的池底和池壁用砖及水泥沙浆砌建,但不可用石灰浆,因石灰浆为碱性,不利蝎子的生长。砌好池子后,池壁内不必用灰浆抹平,池面粗糙即可,这样便于蝎子在池壁攀附、爬动和栖息。可用少量沙浆堵塞砖缝,以防蝎子从缝隙中外逃。在靠近池面顶口处,当灰浆尚未干透前,可镶嵌一些光滑材料,如玻璃、锌铁皮、塑料板、瓷砖等,这样可防止蝎子从池中外逃。

(二)缸养

可用废弃无底的水缸埋入地下,缸内用 3~5 厘米细土铺垫。如果缸有缝隙可用水泥填补好,以防蝎子外逃。在铺垫的细土上可放瓦块、砖块或用凹形土坯,带孔隙的煤炭渣,以备蝎子生活栖息。缸口可用铁纱窗或尼龙网罩盖好,以防蝎子逃逸。

也可选择内壁釉光的大口缸一个或几个,首先在缸底铺一层有机质土夯实,或黄泥土用水捣烂,涂于缸底及缸壁的下半部分,放在阳光下晒干。然后在缸底中央垒起有缝隙的瓦片、碎石或土坯等(要低于缸口),供蝎子栖息。最好利用破损的大口缸,将底全部轻轻敲掉磨平,口向下埋入地下 5 厘米左右,把土拍实,铺上黄沙、碎砖,以利蝎子栖息。

二、蝎子的饲养与管理

饲养管理人员管理蝎窝,必须有下列工具:①竹夹,用于捕捉蝎;②鸡毛或羊毛扫帚(用10根左右鸡毛或一撮羊毛在小竹竿上扎紧)和小铁畚箕,用于捕捉落在蝎窝的幼蝎和打扫蝎窝卫生;③喷雾或喷水(喷水眼越小越好)的水壶,用于蝎窝水槽添水;④手电筒,用于夜晚检查蝎窝。

(一)选种和引种

俗话说"种瓜得瓜,种豆得豆","母壮子肥"。因此,养蝎和其他养殖业一样,选种是十分必要的。要想达到高的经济效益,必须选择优良种蝎,选择体壮、个大、活跃的蝎子做种,保留产仔多的种源及后代,逐步繁殖成比较好的高产种蝎。公蝎和母蝎交配后最好分开饲养,并且养殖公母种蝎的窝穴要僻静、清洁,供给的饲料要多样、新鲜,养蝎环境温湿度要保持正常、稳定,密度要适当放宽。只有这样,才可以培育出身体健壮、品质优良的蝎群。

在引种时应注意以下问题:①引种时间:一般应选择在春秋两季进行。因为在春秋季节气温适宜,不高不低,而且湿度也适宜,便于蝎子的运输,在运输时加大蝎子密度,一般也不会死亡。当然若有可能最好在春末夏初进行引种,以便于当年产仔,当年受益,提高经济效益。另外,蝎子在春末即进入繁殖期,而在秋季引种,其繁殖期已过,只有等到来年才能繁殖。②蝎种的来源:若在产蝎地,一般在5月中旬至6月下旬,可就地捕捉野生蝎子。若本地无野生蝎子,则可到外地引种,主要向人工养殖蝎子的单位和个人购买。在购买蝎种时,必须了解蝎的种类、产地以及生活习性。野生蝎子一般都群居于青石板的阳坡和半阳半阴坡地的隔缝和隙洞内,家蝎一般都隐藏在古老的砖石结构的旧墙内。捕捉野蝎时,首先要查明蝎子经常栖息的场所,然后寻找蝎子排出的白色粪便,粪便的线路和光滑的空道,就是蝎子出入的痕迹,沿此痕迹寻找,即可找到蝎窝。捕捉野生蝎子的季节最好在每年的6月底前进行,此时捕到的母蝎,家养2个月左右就能产仔,增加蝎的数量和收益。捕捉野生蝎子时,一手拿内壁光滑的瓷瓶或玻璃瓶,一手拿竹夹,把蝎子一只只夹入瓶内,捕回的蝎子按大、中、小分档饲养,挑选经产母蝎单独饲养。另外,还要了解所要引进蝎子的年龄,不能盲目引进淘汰蝎和瘦弱、病态的蝎子,而应挑选初产蝎和经产的蝎子。怎样鉴别初产、经产和淘汰母蝎?一般来说,初产母蝎体型较小,皮肤鲜嫩,活动灵活,捕食较猛;淘汰母蝎皮肤粗糙老化,活动较呆滞,捕食较迟钝。

(二)蝎子放养密度

人工养殖蝎子所放养的密度,应根据蝎龄、养殖方式和窝穴的设施等来考虑。在一般情况下,每平方米饲养蝎子的密度,2~3龄蝎子约3000只,4~5龄蝎子1500只,6龄蝎子800只,种蝎600只左右,在这种情况下,每立方米可放土坯

300块左右,土坯与土坯之间以及与窝穴周围要留有缝隙,当然也可放一些具有孔隙的炭渣,以便蝎子活动和栖息。

(三)蝎子的饲料

蝎子是一种肉食性动物,主要以节肢动物为食,尤其喜欢食取高蛋白、低脂肪、体软多汁的昆虫幼虫。蝎子对食物的选择性很强,一般喜欢食取含水量适中的昆虫。若含水量过高或过低,蝎子都不爱吃。对有腐臭和特殊气味、呆滞、死亡的昆虫也不爱取食。据观察,蝎子的视力较差,但嗅觉、触觉十分敏感,当蝎子发现昆虫以后,首先用触肢进行试探,试探2次后,伏地不动,然后迅速地用螯肢的钳肢紧紧将猎物钳住,并同时弯曲后腹部的毒针将昆虫刺伤,使其处于麻痹状态,然后分泌出消化液将其消化,最后吮吸昆虫的汁液,使昆虫只剩下残破的躯壳。在一般情况下,一只成熟的雌蝎,一次能将一只蝼蛄吃掉。当蝎子取食后就可以发现其前腹膨大,色泽绚亮。蝎子的饲料除诱捕外,更主要是采取人工饲养的方法取得。

凡是野外的软体多汁昆虫,大多数可作蝎子的饵料,尤其是蜘蛛、蚂蚱、螳螂、蛐蜒、蝼蛄、蜈蚣等。蜘蛛可在屋檐下捕捉,蚂蚱、螳螂、蛐蜒可在杂草丛生或庭园花圃和潮湿的田间捕捉,蝼蛄可在露天灯光下捕捉,秋季较多,对捕捉到的昆虫,不要弄死,在一般情况下,蝎子是不食昆虫死尸的。

灯光诱捕:一般可采用黑光灯来诱捕,在灯下装一个漏

斗，漏斗下口通入一个集昆虫箱。灯诱法通常在谷雨至霜降这段时间，晚上8时至凌晨2时诱捕。诱捕到的昆虫可以用来喂养蝎子。

饲料诱捕：此法主要用来诱捕鼠妇（又名潮虫、西瓜虫）。其方法是在鼠妇经常出没的地方，将搪瓷盆或光滑的陶盆、大口玻璃瓶埋放地下，盆口与地面平行，盆、瓶内可放一些炒熟的黄豆粉、麦麸或面包屑、糠麸、菜叶等。鼠妇到晚上便会因食物的诱惑而跌入盆内，这样便可诱捕很多的鼠妇。不过埋盆的地方应选择较阴暗潮湿的地方，因为这样的环境栖息着大量的鼠妇。

人工饲养：有一些蝎子的饲料可以人工饲养，如蚯蚓、地鳖虫、黄粉虫、黑粉虫、洋虫、鼠妇等。

（四）饲料的投喂

在人工养殖蝎子投食时，不要将饲料直接撒入蝎子的活动场地或栖息窝穴内，以免剩余的饲料发霉、腐败而变质，并招致细菌的蔓延、侵袭，致使蝎子得病。因此，在给蝎子投喂食物时，必须定时、定量，并且用食盘和水盘等容器，将食物放置于固定的地方。这样可以保证饲料的新鲜和清洁，而且还可减少不必要的浪费和环境的污染。采用食桶、食盘和水盘，不仅蝎子取食方便，而且节约饲料，也便于饲料的更换和食盘容器的清洗。

食盘和水盘一般放置于活动场地和饲养箱的基角处。用水盘供水时,应在盘内备一些小石块、小段的树枝等作为衬垫物,以供蝎子爬附在衬垫物上吸吮水分。除上述喂水方法外,各地可因地制宜,创造供水的方法,如用泡沫海绵吸水后,用薄胶纸作托,把海绵放在蝎窝穴瓦片或石块上,或蝎子能到达的地方。也可用一广口瓶,瓶内盛水,水中放置粗厚布条,布条的一端达瓶内水底部;另一端悬挂在瓶外,这样水就会沿着布条缓慢渗出来。可将此装置放入蝎窝内,到时蝎子就会到此吸吮水分了。此外,还可用玉米芯浸水后放入蝎子栖息的地方,蝎子也会去吸吮水分。玉米芯干后再浸水放入,可以反复使用。

目前,比较多的养蝎户饲养地鳖虫、黄粉虫作为蝎子的主要饵料,这就要注意投喂的虫要与蝎子大小等量或略小于蝎子,最好挑选蜕壳的虫喂饲,同时也要间隔喂些软体昆虫,以调动蝎子的食欲。

蝎子生长发育需要的主要营养成分是蛋白质、脂肪、糖类及水分等。这些营养成分,在一般的昆虫体内都具备。蝎子倘能经常摄食多样性的饵料,不仅能调动食欲,而且还可以补充其体内的营养元素,对幼蝎有利于生长发育,对成蝎能增强体质,提高繁殖能力。

不同育龄的仔蝎,需要动物饵料的大小也不同。过大了,捕不住,过小了,吃不饱。以地鳖虫为例,2~3龄蝎子,喂1~2龄地鳖虫幼虫;4~5龄蝎子,喂3~4龄地鳖虫;5~7龄的蝎子,喂5~6龄地鳖虫。根据不同蝎龄进行投饵是最经济的,既有利于蝎子捕食,又能提高饵料利用率,避免不必要的浪费。

怎样进行生虫养蝎?生虫养蝎有三种方法。一是在蝎窝底部下面,特制一个10厘米高类似抽屉能抽动的铁的或木的无盖盒子,内放一些杂草和食料,再投放一些软体小昆虫如鼠妇等的成虫或卵粒,进行饲养。二是紧靠在蝎窝旁边,平行筑个生虫池。在虫池、虫盒与蝎窝连接的地方,钻有多眼小洞作为虫子活动通道,让它在活动过程中误入蝎窝供蝎子捕食。上述两种方法,主要用于养成蝎,多眼小洞的洞眼一般为0.5厘米左右,以能阻挡蝎子钻不过为度。还有一种养虫方法,就是用缸、坛、坑、池等饲养虫子,用人工捕捉投入蝎窝喂蝎。

蝎子摄食饵料与气温有很大关系。从季节上看,春末、夏季和秋初摄食较多,应经常检查,适当勤喂,投喂时间以傍晚为好。春初和秋末,摄食较少,就要相对减少一些喂食量,投喂时间以中午前后为宜,一般应视蝎子的捕食情况而定,无论是白天还是傍晚,倘投喂时,蝎子无动于衷,就不要再喂,倘一抢而空,有些蝎子还未捕到食物,就要继续加喂。一般4~5天喂一次饵料即可。

蝎子为防避敌害,养成了昼伏夜行的生活习性。人工饲养的蝎子,在正常情况下,白天总是群居在隐蔽的缝隙中栖息,到傍晚后便纷纷出动,有的周游蝎窝,有的寻找食物。据观察,蝎子在晚上的采食量占80%以上。因此,给蝎子喂夜食,是符合它的夜行特性的,也是比较科学。

蝎子在长期的生活中虽然养成很强的耐渴能力,但在生长发育过程中,即使是成蝎,也需要经常吮吸一些水;在气温高的夏季或在升温的情况下,尤其需要。

在喂养蝎子时,应做到定时、定点投喂,以使蝎子形成条件反射,一般于当日将食盘、水盘放在一固定地点,次日取出清洗。每日投喂的食物必须新鲜,绝不能投喂腐烂变质的食物。水盘内的衬垫物还应经常清洗、更换。食盘和水盘还要定期晾晒、消毒,以防病菌、微生物等滋生。此外,在投食时还要勤观察,注意蝎子的一切情况,看看所养蝎子的强弱,蝎龄的变化以及蝎群的新老等。体强的蝎子应多用动物性和组合饲料搭配饲养,体弱的蝎群宜多供给营养较丰富的动物性滋补饲料。如果是刚引进的新的蝎群,则宜多投喂动物性饲料,促使其尽快适应人工养殖的环境生活;若是已经驯养的蝎群,则宜逐步增加植物性饲料的组合比例,以达到食性的进一步驯化。此外,不同蝎龄的蝎群,应按不同蝎龄的特点和生长发育要求合理选择不同类型的饲料和组合。这样就可以收到事半功倍的效果。

饲料的投喂量应按照蝎子的数量、蝎龄来考虑。一般每天晚上投喂一次食物,要让每只出窝的蝎子都能得到食物,这样就可以避免蝎子因食物的不足而相互残杀致死。在投喂食物时,供给昆虫等动物性饲料应"宁足勿欠";而在供给植物性饲料时,则应"要欠不余"。总之,投喂和供给食物均视具体情况而定。另外,还应根据饲养场的大小、温湿度的高低等综合情况而定。

(五)幼、仔蝎的管理

饲养幼蝎的方式多种多样,可因陋就简,饲养在旧的瓮、盆、大口玻璃容器或内壁光滑的小缸内,也可做几个特别的幼蝎饲养箱。无论选择何种方式,都应在饲养处所的底部涂上一层粘性大的泥,以利走动。若放于瓮、盆、小缸和玻璃容器饲养,还要在其内壁下半部涂一层泥,并在幼蝎窝内中央堆些有空隙的碎砖瓦,供幼蝎活动栖息。

幼蝎的饲养箱,一般都用木板制成,幼蝎箱高25厘米左右,长、宽根据饲养幼蝎多少而定;在幼蝎箱上口四边,钉上3厘米宽的光滑塑料薄膜,防止幼蝎外逃。箱内顶部有木盖,要在木盖上适当钻些直径0.15厘米的小通气孔,箱底中央要堆放一些碎砖瓦块,供其栖息。

母、仔蝎应及时分开饲养,以免相互影响,甚至母蝎将仔蝎吃掉。单独饲养的孕蝎,产后基本上没有发育不健全的仔蝎。当有85%~100%的仔蝎趴伏时,则应及时将仔蝎和母蝎分开单独饲养。

分离仔蝎与母蝎有两种方法:①较小规模养蝎时,在蝎子的繁殖后期,可在夜间进行观察,若发现有前腹部干瘪的母蝎外出活动,这即是繁殖后的母蝎。这时可用长竹镊子将它们夹出,如此连续几个晚上,就可将大小蝎子分开来饲养。②在大规模养蝎时,必须建立仔、母蝎离筛来进行分离,即在池子与池子之间建立长15~20厘米,高10~20厘米,筛孔孔径为0.3厘米的分离筛,只允许2龄仔蝎通过,而成蝎过不去。或在大池上建一小池,小池高出大池约20~30厘米,在小池前面设一玻璃挡板,玻璃挡板与小池地面留一细缝,细缝大小以刚好通过2龄仔蝎为准。这样只有小蝎可通过此细缝滑入大的蝎池内,成蝎不能通过,从而达到大小蝎分离的目的。总之,这些均应因地制宜来设计建造。

蝎子的龄期是以蜕皮划分的,从仔蝎到成蝎需经6次蜕皮,包括出生的1龄算在内,共7个龄期。仔蝎从母体出生后算1龄;过5天左右在母背上蜕去第一次表皮为2龄;过一个月左右蜕第二次皮后算3龄;翌年6月份蜕第三次皮为4龄,8月份再蜕第四次皮成5龄;到第三年6月份蜕第五次皮为6龄,8~9月份蜕最后一次皮变为成蝎。

幼蝎出生约5天之后(当温度在25~28℃时),在母蝎背上蜕下第一次皮,成为2龄仔蝎,再经过5~7天后便离开母体,真正独立生活,在刚刚蜕皮后不要将母、仔蝎分开饲养,否则会影响仔蝎的成活率。因仔蝎刚刚蜕完皮,身体十分虚弱,这时还需母蝎呵护一段时间。另外,当仔蝎第一次蜕皮后爬下母蝎背部时,应多投喂一些鲜活的小型昆虫供母蝎食用,这也可避免母蝎残食仔蝎。但不能投喂不便食用的大型食物,以防母蝎捕食仔蝎。这时2龄仔蝎食欲大增,所投喂食物必须保质保量,否则也会相互残食。

据观察,离开母蝎的仔蝎在48小时内便可吃掉约20毫

克重的小虫,随后吃的次数逐渐减少,大约在一个月内可吃掉6只小虫(以每只小虫重8~10毫克计算),仔蝎的体重可增加24毫克。食物的投喂量,一般可在投喂前,即在头天晚上将所投喂的食物称重计算,统计一下吃食物的仔蝎占总数的百分比。这样就可以计算出应投喂食物的数量,避免所投食物量的过多或过少。

2龄蝎在饲养时也应特别注意,管理不当,也会引起大量死亡。因为2龄蝎幼小体弱,活动范围小,捕食能力差,常常处于饥饿状态。所以在养殖2龄蝎子时要供给营养丰富、适口、易食的饲料。一般可以投喂小黄粉虫、小黑粉虫、小地鳖虫、夜蛾、蝇类等软而多汁的昆虫。在人工养殖蝎子时,一般养殖者不让幼蝎冬蛰,只要适当加温,幼蝎照常可吃食,生长发育,这也是高产养蝎的关键所在。2龄蝎在养殖15~20天后与大蝎分离,以免互残。此时,可将前述窝角的圆孔堵塞物去掉,涂以泥,然后以细棍在泥上穿孔,孔径以适于小蝎逸出为度。墙的一角挖一坑,安置一搪瓷盆。沿此角的两条边各有一条平行边,形成小蝎爬行的通道,在接近盆边处横放一玻璃瓶,小蝎沿通道顺斜坡爬上瓶的最高处滑入盆内。然后把小蝎单独饲养。

仔蝎在母背上是不进食的,它从母背上下来一二天后就要自找栖息场所和食物。这时,就要及时提供垒堆瓦片的场所,供其栖息,并投喂一些软体的地鳖仔或多汁昆虫。常常可以看到,有的胃口还挺大,嘴上咬一口,两只脚须钳两个。因此,护理仔蝎,应做到"四要":一要与成蝎分开饲养,防止母蝎残食仔蝎;二要及时喂足饵料,防止仔蝎互残;三要保持相对湿度,防止脱水死亡;四要有30℃左右的温度,最好能达到35℃左右,以利仔蝎蜕皮生长。

如果一切环境条件很正常,幼蝎经30天左右时间,身体便会十分肥壮。幼蝎离开母蝎一个月左右便进行第二次蜕皮成为3龄(约在当年9月上旬)。幼蝎蜕皮恢复活动能力后,食欲十分旺盛,这时应特别注意供给充足的食物,以防相互残杀。如供食不足,则会发生已蜕皮的蝎子吃掉尚未蜕皮的蝎子;未蜕皮的蝎子吃掉正在蜕皮的蝎子或尚未恢复活动能力的蝎子。在蝎子入蛰之前,应充分投喂营养丰富的食物,以利于蝎子越冬,这也是提高越冬成活率的关键。

各龄蝎子为什么要分档饲养?蝎子是群体饲养的,对同期出生的仔蝎育饲到成蝎,除在母背上第一次蜕皮比较整齐外,以后生长的速度和蜕皮的先后,即使在同样饲养条件下,由于胚胎发育的关系和摄食昆虫的量和质,以及蜕皮时的条件不同,往往差异较大,有的要相差十天半月,最长的要相差3个月左右。为了使蝎子正常发育生长,避免参差不齐的蝎子互残,到饲养的一定阶段,必须按大小分档管理。

(六)成蝎的管理

东亚钳蝎一般经过6次蜕皮后,便进入成蝎阶段。这时可以挑选个体大、身体健壮的蝎子做种蝎。饲育好种蝎,是发展人工养蝎的基础。怎样饲育健壮有力、产仔较多的种蝎呢？首先要挑选个大、健壮的公蝎。俗话说："母蝎好好一窝，公蝎好好一坡。"公母交配后，最好分开饲养。育饲公母种蝎的蝎窝要清洁安静，喂饲饲料要新鲜多样，温湿度要正常，密度要适当放宽。这样，就能培养出身体健壮、品质优良的蝎群。4～9月份为蝎子的繁殖交配时期，可将雌蝎和雄蝎按2:1的比例混养在一起，任其交配。养殖雌雄种蝎之场所应清洁安静，多投喂新鲜多汁、富有营养的食物，并且温度要适宜，种蝎密度应适当减少。7～8月份母蝎会陆续产仔。母蝎在怀孕期间，应多喂一些新鲜多汁的昆虫饲料，使孕蝎一直处于吃饱吃好的状态，从而保证幼蝎的正常发育。并且还应注意不要经常翻窝、折腾或随便捉拿孕蝎，也不能用强光照射，噪音惊吓去干扰；在临产前最好单独分开饲养。母蝎产仔多少，不但与生产年份有关，也与食料的营养成分和种类有着密切关系。

　　母蝎产仔时的温湿度是十分重要的。它们最适宜的温度一般在33～38℃之间，在此温度范围内，不但产仔快，而且产后幼蝎的成活率也高。

　　母蝎在负仔期间，一般是不吃不动，全神贯注地伸出两只螯钳，立起尾刺，保护着背上的仔蝎。这时，母蝎的感觉器官特别灵敏，反应相当敏捷，只要窝内稍有动静，它就准备出击搏斗；倘遇到突然的惊吓，它会甩掉背上的仔蝎；倘窝内缺少水分，有时也会把甩下的仔蝎吃掉。因此，在母蝎负仔期间，需要有一个安宁的环境，一般只适量喂点水，不喂食，不要无故惊动它，切忌公蝎爬进去，以防抢食仔蝎。

三、蝎子的病害与敌害防治

（一）病害防治

蝎子的传染病害，是由细菌、霉菌、病毒引起的，主要是黑肚病。症状是蝎肚臌胀发黑而死。病因主要是蝎窝温度过高，蝎子吸水过多。蝎子得病后体质衰弱，细菌乘虚而入，甚至互相传染。发现这种情况，要及时将病蝎隔离，并适当降低蝎窝温度，停止几天给水。

蝎子的非传染性病害，一般是由于饲养管理不善、气温不正常和外界环境影响所致。有些常见的蝎病是农药、化肥和生石灰等造成的。蝎子嗅觉灵敏，对农药、化肥和生石灰特别敏感，当蝎子嗅到这些气味后，轻者厌食，重者出现抽筋、打滚、步足麻痹，直至死亡。

在正常情况下，健康的蝎子是昼伏夜出，白天栖息在土坯、砖石缝隙中，傍晚后外出活动、觅食。倘白天发现有些蝎子拖着尾巴在外面慢慢爬行，或者是后腹部下垂，没精打采地呆伏地上等现象，可能已患病在身，需立即检查，并进行对症治疗。

1. 斑霉病

蝎子患此病后头胸部背板、前腹部出现黄褐色或红色点状霉斑，然后逐渐向四周蔓延扩大，隆起成片，蝎子生长停滞。患病初期往往发现蝎子非常不安，不停活动；后期则活动逐渐减少,表现为呆滞、不动、不食,直至死亡。病死的蝎子体内充满绿色霉状菌丝体集结而成的菌块。发生此病的原因是由于蝎子的栖息环境过于潮湿,加之气温较高,促使真菌在蝎体上寄生而引发。

防治此病应以预防为主,主要是调节养殖房内的湿度。当养殖室内湿度过高时应打开门窗通风,及时翻垛、清理、晾晒养殖物品(泥板、坯块等),经常洗刷食盘和水盘,及时更换水盘的衬垫物,清除残渣,防止霉变,以达到降湿、保持良好养殖环境的目的。除此而外还可结合翻垛,用1%~2%的来苏儿溶液或0.1%高锰酸钾溶液喷洒养殖室和泥板、坯块(注:不要用福尔马林,经常用此药对蝎体不利)。刚喷洒过药的泥板和坯块要摆开放置,待晾干后方可码垛。每次翻垛应彻底清扫,并可在垛基缝隙内撒入适量的草木灰或风干的老墙角土。发现病蝎和死蝎及时清除并焚烧掉。

2. 体腐病(黑腐病)

得此病的蝎子早期可发现其前腹部呈黑褐色、胀肚,活动减少或不出穴活动,食欲减退或不食。随后逐渐出现前腹部黑褐色腐烂溃疡性病灶。用手轻轻按压病灶部位,即有污秽的黑色粘液流出。病蝎在病灶形成时即死亡,病程较短,死亡率很高。此病主要是由于饲料腐败变质和饮水不清洁所致。健康的蝎子吃了病死后的蝎体,也会引起此病。在一般情况下,保证所投喂的饲料新鲜,饮水清洁,经常洗刷食盘和水盘,此病不会发生。若发生此病应立即将病死的蝎子清除烧毁,将养殖室彻底清扫、翻垛,并用1%~2%的来苏儿溶液或双氧水喷洒消毒,消除被死蝎污染的坯块和用具,也可用紫外线灯照射进行消毒。

3. 拖尾病(半身不遂症)

患此病的蝎子大多身体光泽明亮,肢节隆大,肢体功能降低或丧失,后腹部(尾部)下垂、拖下,故称之"拖尾病"。随后病蝎活动缓慢或伏而不动,口器呈粉红色,似有脂溶性粘液溢出。通常发病5~10日后开始死亡。此病主要是由于长期投喂脂肪含量较高的饲料,使蝎体内脂肪大量积累,加之蝎子的栖息场所过于潮湿所引起的。一般在2龄时易患此病。防治此病可采取不喂或少喂脂肪含量高的饲料,并且要注意调节养殖环境的湿度和坯垛的湿度。一旦发病,应立即停止或少喂肉食类饲料,及时更换饲料种类,这样此病会慢慢痊愈。

(二)敌害防治

蝎子的敌害较多,主要是部分鸟类、鸡、鸭、鹅以及蜥蜴、青蛙、蟾蜍、蛇、老鼠、蚂蚁、壁虎、蜘蛛和螨类等。不过像鸡、鸭、鹅、鸟类等在人工养殖情况下,危害蝎子的可能性不大。但是对蚂蚁、螨类、老鼠等必须时刻提防,而且养殖前就要搞好防范。可用水泥或石灰等把房屋四壁抹好,地夯实,以免出现鼠洞、蚁窝。一旦发现,要立即捕杀。可用灭蚁药、灭鼠药杀灭,也可在室内养猫防老鼠。对养殖室、窝穴要保持清洁,定期消毒、灭菌,防治螨类。也可在养殖坑、池四周建小水沟,

以防蚂蚁的侵入。

四、蝎子的采收、加工与保存方法

人工养蝎子采收的时间,雌雄蝎应分别对待。雄蝎除继续留种的外,其余在交配后采收。雌蝎宜在产仔后的立秋至处暑期间采收。这样可节约饵料。至于平时发现一些病蝎和未曾变质的死蝎,应随时采收加工,都不影响药用价值。

在自然温度下 经过三年育饲的蝎都可以采收。但为了繁衍后代,发展养蝎事业,一般应挑选采收,采收的原则是:①饲养的时间较长、即将淘汰的雌雄蝎;②母性差、产仔率低的初产蝎或经产蝎;③生长发育差的弱蝎和病蝎;④超过公母交配比例的雄蝎;⑤近亲交配的公母成蝎。

采收蝎子的方法应根据养蝎的方式、设备和数量决定。倘养蝎不多,可用竹夹捕捉;倘饲养蝎子的数量较多,采收时可在蝎窝内挖一个瓷盆大小的圆坑,放入瓷盆,盆口与地面一样高,然后用白酒或酒精向蝎子栖息的土坯、砖石缝隙喷雾,蝎子嗅到酒味后纷纷爬出,此时可趁势将蝎赶入瓷盆内,捕弱留强,按需采收。也可采取翻窝的方式,即将蝎子栖息的土坯砖石一块块拿掉,再把蝎子赶入收捕容器。

在人工养殖条件下,对蝎子适时的采收、加工、出售和保存,是充分利用养蝎设备和场地,省工、省料,加速资金周转,提高经济效益的重要环节。采收一般在孕蝎临产前两周进行,除留足体壮、个大的种蝎外,剩余的蝎子(包括已交配的雄蝎,已产过三四年仔蝎的雌蝎,以及一些残肢、患病体弱的蝎子)均可加工制成商品蝎。

(一)采收方法

池养、坑养、箱养、架养或盆、缸等养殖的蝎子数量较少,可用中号油漆毛刷,将蝎窝内的蝎子直接扫入簸箕内,倒入光滑的塑料盆内集中存放,也可直接将瓦片或砖块一块一块拆掉,一边拆,一边用竹筷子或竹夹将蝎子夹出,放入盆内,顺便将蝎窝内杂物垃圾等进行清扫,再将瓦片等逐块按原样放好,以备养殖时再用。

房养蝎子,数量较多,加之房内设置较为复杂,不可能一一拆卸。可用30度左右的米酒装入喷雾器内,对已关好门窗仅留下墙基脚的两个出气孔的养殖房进行喷雾,酒气会弥漫整个养殖房,蝎子耐不住酒味的刺激,便会从出气孔向外逃窜出来。只要在出气孔处放一较深的塑料盆(桶),逃出的蝎子便会逐个掉入盆(桶)内。

采收在盆(桶)内的蝎子应逐个进行挑选,将中蝎、小蝎子挑出留做种苗,其他大的蝎子或加工,或直接出售。

(二)加工与成品保存方法

采收到的蝎子可根据不同的用途来进行加工。用于加工制作的用具有锅、笊篱、铁筛、竹席、搪瓷盘、塑料盆、塑料桶等。

1. 咸全蝎的加工方法

加工前先把蝎子放入塑料盆、桶内,加入冷水浸泡,洗掉蝎子身体上的泥土和其他杂物,反复冲洗几次。洗净后捞出,放入事先准备好的盐水缸或锅内,盖上草席或竹帘。盐水以没过蝎子为度,浸泡 30 分钟至 2 小时左右。一般 500 克活蝎,加入 150 克食盐,2.5 升水。浸泡后加热煮蝎,水烧开后,约煮 20~30 分钟,然后检查,即用手指捏其尾端,如能挺直竖立,背见后沟、腹瘪,即可捞出,置于通风处阴干,千万不能晒干,因为日晒会起盐霜。用时以清水漂走盐质,即成"咸全蝎"或称为"盐水蝎"。

2. 淡全蝎的加工方法

淡全蝎又称淡水蝎,即在加工中不加入食盐。其加工方法和步骤与加工咸全蝎相同,加工前先把蝎子用水冲洗干净,在冷水中浸泡,捞出后,放入清水锅中煮沸 30 分钟左右,然后捞出,在通风处晾干或阴干即可。

咸全蝎与淡全蝎各有其优缺点:咸全蝎制品在湿热的夏季便会变得湿漉漉的,返卤起盐,但有不易遭受虫蛀、发霉等优点;淡全蝎不会返卤,形态较为完整,但易受蛀或发霉,干时碰压易碎。

优质的淡全蝎体轻、质脆、气腥、味咸颜色正,新货有光泽,虫体完整,大小均匀,不返卤,不含盐粒和泥沙等其他杂质。有一些人认为,从药效来看,淡水蝎比咸水蝎好。以春季制干的全蝎质量最佳,因此时的蝎子体内杂质较少,性味俱全,故有"春蝎"之称。

3. 成品蝎的保存方法

已经制成的咸全蝎或淡全蝎制品,切不可放在太阳下暴晒。因为经太阳暴晒后蝎体很脆,易碎。药材部门收购蝎子时,以完整全虫为一级品,否则会影响其收购价格,造成不必要的经济损失。

保存时,可用防潮纸每500克一包放入箱中,或装入布袋、草袋内,扎紧袋口,运到药材收购部门卖掉,或放于干燥通风阴凉之处。最好将制成的商品蝎及时卖掉,以免保管不当造成损失。有的地方在包装前用少许芝麻油均匀搅拌,使每只商品蝎子体上都能粘上薄薄一层芝麻油,起到防潮的作用,保存期可以更长一些。一般大约每10千克干品蝎子用250克芝麻油搅拌即可。

养蝎要三思而行

蝎子又名全蝎、钳蝎,是一种重要的野生动物药材,蝎子入药称为"全蝎"或"全虫"。从蝎毒中提取的有效成分——抗癫肽,对治疗癫痫病和三叉神经痛有特效。同时,蝎子还是一种滋补佳品,或油炸、或泡酒,不仅是一种美味食品,而且是美味佳肴,国内外已有将蝎子加工烹调成美味佳肴的。目前,内销和外贸市场对全蝎的需求量大,大力开展人工养殖,提高生产量,才能满足药材市场的需求。

本文主人翁郭小丽,在寻找致富门路中,"毒"领风骚,走上了养蝎致富的道路,其关键在于重视信息、胆大心细、苦干巧干、善于学习,当然也离不开村里的支持。

但是,在祝贺郭小丽成功的同时,我们也不难看到:近年来,一些媒体却把养蝎子吹过了头,更有一些人趁机行骗害人。其表现在:一是说什么人、什么地方都能养蝎赚大钱;二是宣传技术简单,也不要好多设备,投入少,利润大;三是吹嘘有什么"速生蝎",三个月就可长大出售,每千克售价800元以上等等。对于这些非常有害的宣传,我们必须认真对待。首先,应该明白蝎子(我国分布最广的是东亚钳蝎)与蛙、龟一样,具有变温动物的特性,常随一年中季节气候的变化,而表现出不同的生活方式,一般每年分为生长期、填充期、休眠期和复苏期四个阶段,各阶段的饲养管理方法都不一样,所以,技术要求是很高的,如果对养殖要领掌握不好,就可能以失败而告终。其次,鉴于人们的饮食习惯,如将蝎子作食用,其市场很狭小,而如作药用,必须要与当地中药材公司取得联系,盲目养殖可能无销路,造成严重的损失。再次,所谓"速生蝎",实质是"子虚乌有"的事,纯粹是极少数别有用心的人,利用人工养蝎是新兴的有发展前景的特种养殖项目,刻意推出的夸大其词的"炒作",现根本无此新品种,也不可能有如此快生长并卖到那么高的价钱的。因为人工养蝎就是把野生的东亚钳蝎驯养成家蝎而已。在自然温度下,成年母蝎怀孕约8个月左右,每年7~9月,温度在30~38℃之间,孕蝎才能产仔,每胎平均只有20只左右,小蝎长成大蝎一般要2年。如果冬季恒温养殖,改变了蝎子冬眠习性,那么一年也最多产2胎,小蝎变成蝎也要15个月左右。而现在市场上一般每条孕蝎价格在1.5~2.5元之间,药蝎每千克也只有300~500元上下,只是医药部门每千克零售价格在800~1000元。所以,什么"三个月长成大蝎、每千克售价800元以上"是骗人的。如果想人工养蝎的农民朋友,一定要正确认识、理智对待这项特养项目,不可轻举妄动,应三思而后行。

特种养殖大王的致富历程

养蛇致富记

32岁的刘杰算不上一个举世瞩目的大人物,但在中国许多农民养殖户的心中,他确确实实是一个了不起的人物。就是这个仅有初中文化、农民出身的刘杰带领着他一手创建的"王泽铺特养"兵团横扫中国大江南北,改变了千万农民的命运,迅速实现了他们脱贫致富的夙愿。

2000年12月的北京,风生水起,紫气东来,全国首届特种养殖产业化发展战略研讨会上,刘杰和他的王泽铺特种养殖集团更是大大地出尽了"风头"。在继第一个把特许经营、连锁加盟模式引入特养行业并成功运营后,刘杰又第一个明确提出了以"王泽铺"为示范,使特养业走向产业化发展之路,建立集养殖、餐饮、娱乐为一体的一条龙经营模式,并在全国范围内推广实行开来。由于这一创新理念,刘杰当仁不让地被评为2000年度"全国乡镇企业十大新闻人物"。

刘杰出生在山东曹县的一个小农庄里,父病母瘫,兄弟姐妹8人,家中没有一个青壮年劳力。作为长子的刘杰亲眼看见两个姐姐直到出嫁还借居在邻居家,幼小的心灵里便知道了贫穷的无奈与尴尬。盼望着知识能改变命运。要不是一件"小事"改变了他的命运,他的人生轨迹说不定还在循规蹈矩按部就班地走下去。

那天上学路上,慌乱中撞倒了一个卖鸡蛋的农妇,一篮子鸡蛋全碎了。农妇抓住刘杰的书包,要赔2块9毛钱,可穷得连饭都吃不上的刘杰哪有?农妇告到了学校里……就只有2块9毛钱,让年仅14岁的少年敏感而要强的自尊心受到了强烈的刺激,第一次痛尝了没钱贫穷的耻辱和卑贱。从未出过门的刘杰离家出走了。他的心很大,他要去北京挣钱,还要边挣钱边读书。

刘杰说他这一生,有过四次离家出走经历,完成了两次重要的人生转变。

14岁那年,第一次离家出走,北京是真到过了,结果是惨败而归。一个未经世事的懵懂少年就那么一头莽撞地冲进京城,除了流浪还能有什么,乞讨、做苦力,自然是什么苦都吃过了……

家当然是回了,只是并非落荒而回、空手而归,不仅胆量大了,说话声粗了,再也不是初出家门那个见生人就脸红、开口像蚊子哼的羞涩少年了,而且还带回了"玉米制糖"、"制洗衣粉"两项技术(后来发现那两项技术是假的),准备大干一场,脱贫致富了。

第二次出走,是为了找媳妇,刘杰爽朗地笑着说。由于家徒四壁人又长得一般,家里给相了21次亲都没成功,他一气之下决定出去相媳妇。加上玉米制糖、制洗衣粉两项技术彻底宣告失败,备受村里人的讥笑和嘲讽,那股子拗劲又上来了。

他爬上了一辆南下的货车,一连三天三夜没吃东西,饿晕了,慌乱中找到一车厢土豆,饥不择食狼吞虎咽后腹痛难忍,无奈只有中途在湖南怀化跳了车。这一跳便跳出了刘杰今生事业爱情的两个姻缘。祸不单行伤了腿,幸好遇到一位姓张的扳道工,用蛇酒很快医好他的腿伤,生平第一次刘杰对蛇这样的怪物产生了好感。因祸得福,正是这一闪念成为刘杰日后创业之初的灵感与起源。而又正是这一段阴差阳错的旅程使刘杰邂逅了他今生的爱人——刘惠敏,一位与他相知相伴,共渡患难,历尽磨难的恋人。

一个月后,揣着相中的新媳妇照片,怀着养鹌鹑挣钱致富的美好梦想回家了。

"这一次成功了吗?"爱情是成功了,刘惠敏后来如愿成为他的爱人,但致富发家梦却失败了。好不容易费尽口舌天天鼓动才说服村里的有钱人———一位赤脚医生投资3000元合作养鹌鹑,半年后鹌鹑是养成了,但回收鹌鹑的人却跑没影儿了,结果这次赔了4000多元。村里人都骂他"败家子",他成了远近闻名的"骗子",不得已惟有出走!这次出走是被"逼"的。

这次出走,带上刘惠敏,两个二十几岁的贫寒青年决心到南方学养蛇。为什么要养蛇?蛇的经济价值高呀,蛇毒尤为值钱,那时候已经没有退路,只要能挣钱什么都愿意干!一步总是艰难的,吃了数不尽的苦,也经历过蛇吻,刘惠敏还差点把小命搭上,刘杰身上也遍体鳞伤,在经历九死一生后,终于赢来了第一次丰硕的收获,获利十几万元。

初战告捷,温饱已不再成问题,是小富即安,还是富而思进,年轻的刘杰已了然于胸,他要把养蛇成功的经验告诉别人,帮助那些和他一样曾经苦苦挣扎寻求致富的朋友们。他要和他们共同分享这些宝贵的经验和方法。一时间,全国各地寻求致富的农民朋友纷至沓来,都来寻求捕蛇养蛇的"秘诀"和"药方",刘杰干脆办起了学习班,看着那么多双渴望脱贫致富的眼睛,他是真心实意地想拉、帮、带他们一把。

最初只是个口传身授的讲习班,后来随着前来求学的人越来越多,规模也越来越大,有商业头脑的刘杰灵机一动,把养蛇学习班办成了个产业。仅此一项学费收入已远远超过当年自己亲自养蛇的收益。就这样,从1990～1993年,刘杰已成功地完成了原始资本的积累,为下一步创业积聚了丰实的基础和条件。

1996年到1997年,经过多位专家的求证和理论指导,他先后尝试了开发养蜘蛛、养苍蝇、养鹧鸪等养殖新项目,并成立了王泽铺第一家"养蝇农场",深加工做成饲料成品,当年收益100多万元。

1996年审时度势,根据市场需要建成了全国最大的珍禽繁育基地,使王泽铺在全国声名远扬。

1997年,针对困扰特养业产销脱节的矛盾,刘杰创建了全国首家野味食品加工厂,将鹧鸪、山鸡等珍禽野味食品软包

装推向市场。

1998年,刘杰又在王泽铺创办了全国首家特种动物良种批发市场。

为了能让更多的农民富起来,原有的经营模式显然已远远不能满足企业扩张的要求,1999年刘杰大胆将国外先进的特许经营模式及管理理念引入特种养殖业,成为中国特养业特许经营第一人。以王泽铺多年来形成的强大品牌实力为依托,面向全国广纳加盟会员,并实行统一价格、统一宣传、统一服务、统一收购等一系列完善的运营机制,以连锁加盟的方式成功实现了企业的迅速扩张。加盟者只管放手进行养殖,而不用承担初涉特种养殖业的投资风险。

这一先进的经营模式很快就创造了平均每月就有一家加盟机构诞生的商业奇迹。到2000年上半年全国已有1000多家加盟服务中心,养殖户数万户。

为提高特养产品的高附加值,刘杰还购买了蛇类、獭兔、山鸡、贵妃鸡、鹧鸪、孔雀、龙虱、蜘蛛等十多个专利项目,年产500万只的野味食品生产线也已扩建成功,并已正式投入生产运营之中。

蛇类的养殖

一、养殖场地的选择

人工饲养蛇类首先要解决的是养殖场地的选择,这是重要的一环。场地选择得是否科学合理,关系着经济效益好坏及周围人群的生命安全。譬如专门提供肉食的无毒蛇,场址可选择村庄边缘的空旷地;专门提供蛇毒的有毒蛇,场址应选择在位置较高离村庄较远的地方,以防毒蛇外逃伤人;专门提供游人观赏的蛇,场址应选择在旅游风景区域。只有场址选择得当,才能收到丰厚的效益。

蛇类养殖场地选好后,养殖的规模要根据蛇的数量和种类确定。

蛇场养蛇要选择位置较高,周围水质、空气均未被污染的地方。以饲养银环蛇为例,银环蛇的饲养场地应选择离水源不远的平地,四周要建造高2米左右的坚固围墙,墙基要求既深又牢固,一般深度为0.5~0.8米。墙基内用石块砌牢并用水泥浆灌注,以防老鼠打洞使蛇钻出场外。围墙内壁要以水泥涂抹,使其平滑无缝,以防银环蛇爬墙钻逃。围墙的光滑内壁要刷成黑色、灰色或草绿色,千万不能刷白色,因为白色反射阳光强烈,夏秋季节会使场内温度升高,不利蛇生存,对夜间活动的银环蛇、金环蛇等更为不利。围墙内四个墙角要做成适当的弧形,绝对不能做成90度直角,以免蛇借助直角夹住蛇身沿墙角上爬从而越墙钻逃。围墙的大门一定要设两层,内门开向场内,外门开向场外,这样才安全。若只有单层门,那些栖息在门下的毒蛇往往会趁饲养员开门之际逃遁。围墙大门关闭时要求没有缝隙,以防毒蛇钻缝外逃伤人。内外门关闭后需上锁。蛇场中要设蛇窝、水池、水沟、饲料池、产卵室和活动室。活动场上要种上相宜的植物,堆些乱石。蛇场面积大小视饲养数量而定。

若要饲养200条银环蛇,蛇场面积不得小于100平方米。蛇场的方向应坐北朝南,避免严冬北风倒灌蛇窝。蛇场地面要有一定的倾斜度,以利于大雨时排水。蛇窝的位置应建在围墙大门的对面,因为那边的地势较高。窝内地面需高出窝外地面约10厘米左右。窝内底层铺设砖头或用水泥砌平,再用砖砌成小方格,每格内空20厘米并与前后左右邻格相通。小方格高15厘米,上盖可以移动的木板。窝的四周用砖砌成24厘米厚、1.2米高的围墙,再在墙上架设10厘米厚的水泥板,水泥板上再覆盖1米厚的泥土。除蛇窝门边外,其他三面要堆砌0.5米厚的泥土使外表呈墓状。蛇窝内面积大约20平方米,窝内有蛇室100格,中间有一条供饲养员观看蛇室的通道。窝高1.2米、宽4米、内长5米。通道的出口处设置一扇底部有空隙、可供银环蛇自由进出的门。这扇门能起挡风遮雨保温散湿的作用。人们打开这扇门弯腰进去移动木板能看到每个方格中的蛇室。在这条通道的两侧各有一条相连相通的水沟,水沟的两头各通水池和饲料池。晚上银环蛇可自由地顺着水沟到水池饮水、洗澡或到饲料池捕食。水池紧挨蛇窝,位置高于水沟和饲料池,面积约5平方米,池深40厘米。池内水要经常补充,保持一定的水位,并保持清洁,水池四周种上小灌木遮荫或搭凉棚,使池水常年凉爽。在水池和水沟相连接的地方做一道闸门,晚上拉开闸门后,水便流出沿水沟蜿蜒于蛇窝内而注入饲料池。饲料池的面积同水池一样大,位置是全蛇场最低的地方。池中植水草,并放养少量蛙类和三四条水蛇,供银环蛇饱食后与其嬉戏。饲料池的上空搭一个较大的凉棚,或种上几棵较大的灌木,以便遮荫降温。凉棚下面装置一只小黑光灯来诱聚昆虫供蛙类或银环蛇捕食,饲料员亦可在夜间利用小黑光灯进行蛇的生态观察。饲料池的水位常年要保持10厘米左右。池底部要安置一个有金属筛遮挡的水管通往蛇场外,便于更换新鲜干净的水。在活动场的其他地方如水沟旁也要种植一些小灌木及短草并垒上一些石堆,利于夏季遮荫降温,还可以供蛇类攀援和蜕皮之用。此外,还要在水池旁边建一个小型产卵室,蛇场内应保持干净、潮湿、荫凉和卫生。

蛇场养蛇的优点是:蛇场构造简单、易做,造价较低,容易普及,可以大量饲养和繁殖;可以根据蛇的习性营造环境,成活率高。

蛇的饲养管理

人工养蛇的重要问题是饲养管理技术。人们饲养的蛇类不同,饲料也不相同,例如:乌梢蛇专吃老鼠、青蛙或小鸟;银环蛇专吃黄鳝和泥鳅;灰鼠蛇专吃昆虫、蜥蜴和青蛙;眼镜蛇专吃其他小蛇和青蛙;火赤练蛇专吃鱼类和青蛙;五步蛇专吃蛙类、蜥蜴和小鸟。在人工饲养过程中,应根据所饲养种类确定和采集饲料。下面讲述银环蛇的饲养:

每年4月下旬~11月中旬,是银环蛇出蛰活动期。傍晚在出窝之前把少量黄鳝或泥鳅放入饲料池中,投入多少视银环蛇的进食量而定,没有吃完可不再投放。死掉的黄鳝、泥鳅不能投放。这里必须提醒饲养者注意的是:不同蛇类在不同的时间食量是有差别的。野外的蛇类,4月底~5月初及10月食量最大,因为蛇在4月初出蛰,出蛰后食量很大,10月入蛰前需养肥身体也会大量进食。人工喂养的蛇5月、7月进食量大,这两个月是养好蛇的关键阶段,应尽量多喂、饱喂。7月雌蛇产卵,身体虚弱,为了补允体内养分而大量进食。但这时如果养蛇场条件很差、气温过高,产卵蛇不但不进食,反而拒食,这是不久就要夭折的先兆。因此,在饲养蛇类的过程中,应该特别注意这两个时期。除了精心饲养,还要经常打扫场内卫生,勤换池水。发现病蛇应抓出隔离,以免传染。

每年6月下旬开始,银环母蛇进入产卵期,最迟到7月5日为止。在这段时间要经常观察,及时将即将产卵的母蛇抓出放入产卵室或孵化缸,每隔两天检查产卵情况,产完卵再抓回蛇窝。

1. 蛇类的交配

三年龄的蛇类均达到了性成熟。性成熟的蛇多在每年冬眠初醒第一次蜕皮后开始交配。雌蛇和雄蛇像两根绳子一样绞在一起,往往需要四五个小时。交配后,雌蛇立即离开原地返回蛇洞,雄蛇则寻找别的配偶。

受精后的雌蛇不再与别的雄蛇交配,精子在雌蛇的输卵管内保持5年之久仍有受精能力。雄蛇与一条雌蛇交配后仍会与其他雌蛇交配。所以,人工养殖蛇类时,养蛇场内雌雄比例应该按6:1至10:1为宜。雄蛇过多会出现相互格斗或相互吞食的现象,搅得孕蛇不得安宁,也严重影响经济效益。

2. 蛇类的繁殖

蛇类的繁殖方式有两种,一种是卵生繁殖,一种是卵胎生繁殖。大多数属卵生繁殖,即以产卵的方式繁殖后代。每年的6月底或7月初,雌蛇在蛇洞的产卵室产卵,产卵数量有几枚、几十枚不等。一般初产卵的新蛇(俗称新花)和即将停卵的老蛇(俗称老花)产卵较少,成年期的健壮蛇产卵最多。以银环蛇为例,3年龄的蛇已达到性成熟开始产卵,每窝只产3~4枚,椭圆形的卵很长;4年龄~5年龄的蛇每窝产5~10枚,椭圆形的卵变短;6年龄~8年龄的蛇产卵最多,每窝10~16枚,椭圆形的卵最短;9年龄后产孵数目逐步减少,直至更年期停止产卵。蛇卵均呈长椭圆形。种类不同的蛇,卵的大小也不一样,一般是蛇大卵也大,蛇小卵也小。蛇的种类不同,产卵相隔的时间也不一样,譬如五步蛇,是每隔40分钟产一枚;银环蛇是每隔 18 分钟产一枚;乌梢蛇是每隔 30 分钟产一枚。所有蛇类的卵壳都是由乳白色的软皮纤维物质构成。

蛇卵在卵室中依靠地热和太阳热的作用,经过数十天便可孵化出幼蛇。即将出壳的幼蛇前颌骨上长有一个"卵齿",幼蛇借助卵齿划破卵壳,并靠它在壳内活动,使卵壳破裂,出壳两三天后,卵齿便自动脱落。

少数蛇类如蝮蛇、竹叶青蛇和火赤练蛇等,其卵在母体的输卵管内就已经孵化,生下来的是小幼蛇,这种繁殖方式叫"卵胎生"。卵胎生与哺乳动物的"胎生"是有严格区别的,哺乳动物的胎生其胚胎需要从母体内吸收营养。而蛇的卵胎生只是卵在母体内发育,并不与母体发生营养的联系。卵胎生是生活在高寒地区或水栖中的蛇类孵化蛇卵的一种特殊方式。但要注意,凡卵胎生的蛇类全部都是毒蛇。

不管是卵生的还是卵胎生,小幼蛇一问世就继承了其父母的本性:一是耐饥饿,刚出生的小幼蛇只饮水而不进食可活半年以上,有的甚至可耐饥饿至翌年春夏才开始摄食;二是胃口大,出生一个月左右的小幼蛇,能吞食比头部大三四倍以上的小青蛙。种类不同的幼蛇吃的食物也不一样,大多数以食小昆虫的幼虫、小泽蛙、蚯蚓或小鱼虾等为主,有时也会吃一些无脊椎动物如蜗牛及节肢动物如蝗虫、蜈蚣等。

小幼蛇生长发育很快,出生后的第十天左右便开始脱落胎皮膜——蛇蜕,若是毒蛇,咬人就会使人中毒。第一次蜕皮后,小幼蛇长得更快,再过 30 天,又开始第二次蜕皮。第二次蜕皮后，小蛇开始外出寻洞独立生活，如果未找到洞穴而与母蛇共穴，很可能被母蛇吞食。临近产卵的母蛇应及时抓出，放在产卵室中饲养，使其安静地产卵。孵化后的小蛇应与大蛇隔离另外饲养，以免被大蛇吞食。

3. 蛇卵的孵化

蛇卵孵化率高低是饲养蛇类的经济效益的前提。为了提高蛇卵的孵化率，母蛇产完卵即把蛇卵取出放入孵化缸进行人工孵化。孵化缸用一只大水缸。将缸洗净，放在阴凉干燥的房间里，装入半缸半干半湿的碎泥松土或细沙，把蛇卵放置在土上，排成三层放平，蛇卵横卧，不能竖放。最后盖好缸口，防止老鼠、蜈蚣、蚂蚁爬入。孵化期间每隔一个星期左右检查一次，将孵化卵上下翻动一次。缸内温度一定控制在 20~27℃ 之间（可插一支温度计于孵化缸中）。经过几十天蛇卵壳破，幼蛇爬出。种类不同的蛇孵化时间也不一样，银环蛇为 42 天，眼镜蛇为 51 天，乌梢蛇为 38 天，五步蛇最短，只需 25 天便可孵出。幼蛇一般饲养 3 年左右就长大为成年蛇，又开始繁殖后代。

人工孵化必须注意两个问题：一是注意孵化缸内温度；二是注意孵化缸内湿度。若缸内温度低于 20℃，相对湿度高于 90%，孵化时间就要延长，并有部分蛇卵孵化不出而损失；若温度高于 27℃、相对湿度低于 40%，蛇卵的水分易蒸发，部分蛇卵变得干瘪，坚硬似石头。所以，当缸内温、湿度不正常时，应立即采取措施进行纠正。如果缸内温度太高、湿度太低，要用新鲜树叶或青草覆盖卵面,两天更换1次,直到温、湿度达到正常标准。如果缸内温度太低、湿度太高,要打开缸盖,放一个60℃的温水袋架空于蛇卵上方(不可接触蛇卵),使潮气适当地蒸发。在没有干湿表的情况下,可以采用土办法测定缸内湿度,即用手抓一把松土出来,捏紧后在0.3米高处放开让泥团自由落地,如果泥团散开,说明缸内湿度是60%左右,如果泥团落地不散,说明湿度仍然偏高,如果泥团在落地前就散开,说明湿度偏低。如果缸内温、湿度控制得当,可以全部孵化为雌性幼蛇或全部孵化为雄性幼蛇。因为蛇类的双亲体内没有性染色体,蛇类是由温度和湿度来孵化幼蛇并决定其性别的。

了解了蛇类性别与孵化的温、湿度有关,在人工孵化时就可以根据需要控制幼蛇性别。孵化温度控制在20~24℃、相对湿度控制在90%,孵化的幼蛇全是雌性蛇;否则,孵化的幼蛇全是雄性蛇。

怎样辨别幼蛇的雌雄呢?一般情况下观察头、尾的大小和粗细即可分辨。大小相似的同一种蛇,雌蛇头部较小,雄蛇头部较大;雌蛇尾部短粗,雄蛇尾部尖细。准确的区别方法是查看幼蛇的泄殖孔。用两个手指捏紧幼蛇的泄殖孔后端时,可以看见雌蛇的泄殖孔处平凹,雄蛇的泄殖孔处露出两根突起的阴茎。

幼蛇的饲养方法很简单:关在木板箱中只供水,不供食,因为蛇腹中尚有部分卵黄可供其吸收,有的甚至可耐饥到翌年春、夏季才开始摄食,但箱内温度一定要保持在15℃以上,相对湿度维持在50%以上。幼蛇出壳两个月后,如果气温较高,应根据不同种类,用一些小昆虫、蚯蚓、小泽蛙等进行饲养。幼蛇饲养两年后便要雌雄混养。注意雌雄幼蛇不要是同胎的,避免近亲繁殖后代。银环蛇幼蛇,除少量强壮的用作种蛇外(种蛇要雌雄分开饲养,一部分出售给他人),其余的在出壳十天左右便加工成价格昂贵的药材——金钱白花蛇。

4. 保护蛇类越冬

保护蛇类安全越冬是养蛇成败的最关键技术。蛇类对周围温度的要求是10~35℃,最适宜温度是18~28℃,10℃以下蛇类入蛰,5℃以下、40℃以上在一夜之间蛇会全部死亡。所以,冬天要特别注意保温。一般是在蛇窝的盖板上面覆盖20厘米厚的稻草,蛇窝的通道门要紧闭,以免冷空气吹进去。当外界气温下降到-5℃时,应采取防寒措施,即在每一格蛇室中垫上干草、纸屑、旧麻袋或破棉絮等,进行保温。若仍不理想,则要考虑在蛇窝的通道上安放水盆、电炉、电灯(罩以黑布遮光),或放置热水玻璃瓶等进行增温。但注意温度不能太高,一般在8℃左右即可。更不能骤高骤低,应该保持恒温,否则蛇会因不能适应气温剧烈变化而大量死亡。如果蛇窝的顶部和四周都覆盖了1.5米厚的泥土,就不必采取人工防寒措施了,整窝的蛇均能安然越冬。

蛇是变温动物(也叫冷血动物),当外界温度降至5℃以下时,就丧失活动能力,时间长了即死亡。为了躲避低温,野生蛇类会本能地寻找最佳栖息环境。它们在离地面1米以下的干燥无水的洞穴中冬眠。一般情况下单条独居的蛇极少,雌雄一穴的较少,七八条或数十条群蛰的最多,成群蛰居能使洞穴温度增高3~5℃左右。为了保护蛇类安全越冬,人工饲养应该考虑把冬眠室做大一些,让蛇群居冬眠。

越冬是养蛇成败的关键,初学养蛇者宜饲养本地的野生蛇,因为本地蛇能适应当地的气候变化。蛇种来源既可自己捕捉,也可收购。在饲养本地蛇取得一定经验的基础上,再引进外地经济价值较高的蛇种,经济上既不会招致损失,技术上也少走弯路。初学者办场,规模应小点,投资也要量力而行。

5. 蛇病的防治

人工养殖蛇类不仅要对各种蛇的生活习性了如指掌,而且要在不同生长阶段做定期"体检",每隔两三个月要把全窝的蛇逐条抓出仔细地检查一遍,因为蛇类也会患病。如果蛇场有一两条蛇患病,若不及时采取预防和治疗措施,很快就会传染蔓延遍及全窝。人工养蛇常见病有以下几种。

(1)外伤破皮。不管是野外捕回的还是收购运来的蛇类,都会有不同程度的外伤破皮。譬如用铁丝笼或木板箱装运,有的蛇嘴前端会被铁丝或木板磨破;在养殖场内还可能发生彼此咬伤。若不及时治疗,伤口可能会感染溃烂。

治疗外伤破皮的方法是:用龙胆紫或1%碘酊(药店有售)涂搽破皮处,大约涂擦3天就能痊愈。

(2)霉斑病。春天梅雨季节,养蛇场若地势较低或排水不畅,蛇窝四壁、地面潮湿,蛇类易受霉菌感染。感染霉菌后,腹鳞面上会生有一块一块的或一点一点的黑色霉斑。若不及时治疗,很快就扩张蔓延全身,最后因局部溃烂而死亡。

治疗霉斑病的方法是:用2%的碘酊在霉斑部位涂搽,每日搽2次,大约一星期后就能痊愈。

预防霉斑病的方法是:找出蛇窝潮湿的原因,解决潮湿,再用废报纸包一些生石灰放在蛇窝最潮湿的地方,吸潮后再把石灰包取出。

(3)口腔炎。蛇类冬眠出蛰初醒后,身体瘦弱,有害细菌常常侵袭颊部引起两颌肿胀发炎。病蛇张口不能闭合,食物吃进又吐出,不能吞咽,最后因饥渴而死亡。

治疗口腔炎的方法是:先用雷佛奴尔溶液冲洗病蛇口腔,然后用龙胆紫溶液涂搽病蛇两颌,每天冲洗涂搽1次,直至病蛇口腔中无脓性分泌物流出为止。一般约10天即能痊愈。

预防口腔炎的方法是:先把冬眠初醒的蛇从蛇窝中抓出来放在蛇场晒太阳(晒2个小时以上),然后彻底打扫蛇窝卫生,再把经太阳晒过的细土填入蛇窝中的蛇室,最后把晒了太阳的蛇抓回蛇室。

(4)急性肺炎。在七八月份,母蛇产卵后身体虚弱,不适应高温气候,常患急性肺炎病。患病母蛇张口呼吸,盘游不安、不思归洞,最后因呼吸衰竭而死亡。

治疗急性肺炎的方法是:将粉剂80万单位的链霉素分8次包于青蛙皮内填喂病蛇口中,再用清水冲下。每天2次,每

次用一张青蛙皮包链霉素,一般三四天即痊愈。

预防急性肺炎的办法是:先把蛇窝中的蛇全部抓出放在阴凉处,然后用清水冲洗蛇窝的每一格蛇室,待晾干后再将蛇抓入。打开蛇窝中的通道门,使蛇窝通风、荫凉。

(5)毒腺萎缩症。人工饲养的毒蛇,由于常被提取蛇毒,毒液会越来越少,时间长了毒腺就发生萎缩。五步蛇、蝮蛇饲养两年后便无毒液;眼镜蛇饲养三年便无毒液;银环蛇、金环蛇饲养五年便无毒液。毒蛇的毒腺一旦萎缩,就失去消化酶,不久就会绝食饿死。为了保护自然资源,应该把那些饲养了三五年的毒腺即将萎缩的毒蛇放回到自然界,让它们在野外休养生息,三年后,当它们体力恢复正常、毒腺已经发达饱满,再捕回进行人工饲养,提取毒液。

6. 活蛇的运输

运输活蛇的器具有蛇笼、蛇箱、蛇篓、蛇袋等,这些器具各有利弊,如蛇袋携带方便,但只能装少量的,对长途运输不适用;蛇笼系铁丝制成,透风,用水冲洗方便,但叠高了容易变形;蛇篓系竹片制成,轻便而且成本低,但易破,容量也不大;蛇箱系木板制成,可叠压堆高,但通气性能差。究竟采用哪种容器装载比较合适,首先根据路途远近和装载数量,其次根据蛇的用途决定。如果是种蛇,最好包装两层,先将种蛇装入蛇袋,扎紧袋口,再把蛇袋悬挂于蛇笼或蛇箱中运输,这样可减少震荡和碰撞,使种蛇不致受伤。如果是菜蛇,可直接将蛇装入蛇笼或蛇箱中,缚紧笼盖或箱盖,并挂上标签,标明蛇的种类和数目,便于查考有无失漏逃跑。

运输中要注意通风、保湿(冬天要升温、夏天要降温),途中尽量减少停留时间,争取尽早运达目的地。中途一般不需喂食,但需用水冲洗,最好用无污染的江河水冲洗。

在盛夏和严冬,长途运送活蛇比较困难,若买方只是需要食肉菜蛇,养蛇人可就近联系一个冷冻厂,冷冻后的蛇肉可以不受任何气候条件限制,可长途运送甚至出口到欧美。冻蛇肉的规格是斩头去尾,剥皮除内脏,按品种每纸箱15千克。剩下的头、皮、油和内脏,养蛇人可以综合利用,经济效益倍增。

运输中注意事项:

(1)蛇袋用新布或用洗干净的面粉袋做成,绝对不能用编织袋(蛇皮袋),否则蛇会钻破编织袋逃走。

(2)长途运输的车辆或船只不能装有损害蛇类健康的有毒化学物质或农药等,否则蛇类会被毒死。

7. 养蛇人的安全防护和自我急救

养蛇人要频繁地与蛇打交道,随时都有被毒蛇咬伤的可能。对初次养蛇的人来说,一旦不慎被毒蛇咬伤,不懂得怎么处理,容易发生意外。

为了预防万一,必须在蛇场大门外的小屋内预备一个急救小包。急救小包内有绷带、药棉、纱布各两卷,橡皮止血带两条,手术刀片(刮须刀片也可)两块,酒精、碘酊各一瓶,高锰酸钾一小瓶,口服中成蛇药两种,消毒好的10毫升注射器两副和抗蛇毒血清各两支。

若是不慎被毒蛇咬伤,千万不能心慌意乱,要冷静对待。否则易出乱子。

自我救护的步骤是:

(1)结扎。方法是在被咬的伤口以上一个关节处上方用橡皮止血带扎紧,松紧度以阻断淋巴和静脉回流为度,目的是减慢该处的血液流向全身从而阻止毒液扩散。这必须在被咬后的一两分钟内完成。

(2)冲洗。冲洗最好用 1/1000 的高锰酸钾溶液,它能氧化蛇毒使其失去毒性。

(3)扩创。为了使毒液较为通畅地从体内流出,可以用刀片在咬痕上划"一"字或"十"字形,划口的深度视毒蛇咬痕深度而定,但不能伤及骨质,同时要避开肌腱,更不能碰到血管。然后继续用高锰酸钾溶液冲洗切开的伤口,并用手稍稍用力地挤压伤口周围的皮肤,促使毒液外流。这时可除去结扎的止血带。

这里要特别注意两点:

(1)扩创一定要在冲洗之后进行,千万不能未经冲洗就去扩创,因为很大一部分毒液是在伤口周围的皮肤表面上,若未冲洗就去扩创,会把伤口周围皮肤表面上的毒液带到身体组织中去,反而增加蛇毒数量。

(2)一定要用 1/1000 的高锰酸钾溶液冲洗。这有两种作用:一是把一部分未被组织吸收(在皮肤表面上)的蛇毒氧化,使其失去毒性;二是这种浓度的高锰酸钾溶液可以补充组织中的氧气,因为蛇毒中含大量凝集素,会使肢体细胞缺氧而坏死。有些蛇伤患者长期溃烂不愈或组织坏死,就是细胞缺氧造成的。

经过以上处理后,绝大部分蛇毒已被破坏了,若再内服一两种中成蛇药,基本上没有危险。

一项致富快的特种养殖业

由于蛇具有很高的经济价值和医药价值,因此全国各地捕蛇者越来越多。那些一心一意想要赚钱的捕蛇者,他们不分蛇的大小老幼、有毒无毒、母蛇雄蛇、孕蛇幼蛇一概滥捕乱抓,有的甚至丢弃农忙要事,结伙拥入国家自然保护区围捕。致使自然界蛇类资源锐减,生态平衡失调。目前,各地大声疾呼鼠害猖獗成灾,这是大量捕蛇造成的恶果。

前几年国家医药总局收购的蛇胆、蛇干和蛇毒尚能满足医药及科研的需求,近几年来却远远不能满足需求了。鉴于这种情况,有必要将野外捕捉的活蛇进行人工饲养和繁殖,以弥补自然资源的不足。

养蛇是一门新兴的养殖业,首先要求饲养人员胆大心细,责任心强,还必须掌握捕蛇技术,懂得饲养知识,例如懂得蛇的生活习性、懂得蛇的疾病以及辨认治疗蛇伤的中草药等。

养蛇本微利大,比养家禽家畜或其他野生动物收益显著,是广大农民致富奔小康及下岗职工再就业的捷径。目前,全国已有许多人加入了这一行列,并已获得丰厚的经济效益。但凡养蛇者也需注意两点:一是不能将收购的野蛇直接当作人工饲养的蛇出售,那是违法的;二是办养蛇场必须经当地林业主管部门批准,办理《野生动物饲养许可证》,凭证养殖、出售或加工。

他从贫困中走出来
草原上的一颗养狗致富明星

"天苍苍,野茫茫,风吹草低现牛羊"。美丽辽阔的内蒙古草原,哺养了一代又一代强壮剽悍的蒙古族人民。

可是,这些年来,由于草原开发利用过度,草场退化,牧草资源枯竭,牧民的生活越来越艰难,传统的牧养方式难以致富。他,一个只有初中文化的牧民,虽然年纪轻轻,却十分重视信息,爱学技术,凭着苦干加巧干养殖肉狗致富,成了草原上一颗致富明星。他就是内蒙古林格尔旗的扎达加。

1998年4月26日,全国优秀科技报《科技导报》上刊登了一篇"养殖肉狗可行性分析"的文章,文章中说:肉狗全身是宝。狗肉味道鲜美,营养丰富,高蛋白,低脂肪,并兼有药用价值,据《本草纲目》记载:"狗肉安五脏、轻身、益气,宜肾补胃,壮气补血。"《普济方》称"大病大虚者,食之最宜。"现代医学临床证明:"食用狗肉可以增强人的体魄,提高消化抗病能力,促进血液循环,改善性功能。"民间流传"今冬狗肉补,明春打老虎"。由此可知狗肉的价值。要是加工成狗肉罐头,每500克狗肉价值40元以上,一条肉狗的血用来制备血清可值600元以上;狗皮用来制药膏价值200元以上;狗鞭和狗肾也可制药……1997年全国肉狗销售量9000吨,市场供不应求。

　　读罢这条消息,扎达加认真琢磨起来。他想:狗是"六畜"之一,但不用牧草做饲料,投资少,饲养技术也不难,城里人特别喜欢吃狗肉,价格高,销路也好,肯定有前途。我们牧民以前只知道养马、养羊、养牛,守着传统项目不敢轻易改变,这是固步自封啊!可转念一想又有些犹豫:这可是从未做过的事情,万一有个闪失,可就是"赔了夫人又折兵"啦!对,亲自去调查一番,摸着石头过河才有把握哩。

　　主意打定后,扎达加来到武汉市农科中心肉狗快速养殖基地。一位专家给他详细认真地介绍有关养殖情况,销售前景后,把他带到养殖场参观。骤然间,扎达加精神大振,信心百倍,以蒙古人特有的豪爽一下买下了12组种狗,在与农科中心签订了"购种狗协议"后,他开始了肉狗养殖的新征程。

　　回家后,扎达加按照武汉市农科中心传授的技术,结合家乡草原广阔、地域宽裕的特点,选择了拴养的方法养殖肉狗。他先将自家承包的草场用木栅拦圈围出一块约150平方米的空地作初期养狗场,然后在空地北面搭盖了一排简易的小棚作为狗舍,再安放石槽、水槽供狗采食和饮水用。

　　经过5个多月的精心饲养,母狗到了发情期,配种后,将母狗单独分开饲养,临产前喂适量的"催奶片"。配种约60天后,母狗陆续产仔了,少的一胎产下八九只,多的一胎产下十多只,24条种母狗一共产仔203只。

　　一晃3个月过去,狗仔已长大成型,小的有20千克,大的有30多千克。这时,扎达加挑选了一批种狗留下继续养殖,其余的出栏作为商品狗出售。他将100多条狗依质论价,少则20元钱1千克,多则30元钱1千克,全部卖给了大小餐馆。除去成本共获利9.4万元。

扎达加养肉狗致富的消息像春风一样很快吹遍了辽阔草原,牧民们骑着马带着干粮,怀着羡慕和向往的心情,纷纷前来参观、学习、取经。更让他感动的是,牧区领导亲临他的狗场调研,将他的致富事迹和经验印成材料广泛宣传、推广。材料上说:"当前牧区牧羊普遍艰难,靠传统的牧养方式已经不能落实党的富民政策。扎达加同志改养肉狗致富是一次大胆的开拓,是一种行之有效的致富新措施,值得学习和推广。"

领导的肯定和赞扬,使扎达加心里比六月天喝了碗凉马奶还舒畅,更加增添了他大干一场的勇气和信心。一次新的行动又开始了,你看吧!

改建狗场,扩大养殖规模,建立牧区最大的肉狗养殖基地已经开始实施。扎达加说,他要以此带动全牧区的牧民致富,把科技的种子播遍草原!

办狗皮加工厂、培育狗宝、开展狗肉综合利用,扎达加正在着手筹建与策划。他说,他要念好"狗"字经,唱好"狗"字歌,大做"狗"文章,让草原走上富裕的光明之路。

扎达加的养狗技术

下面,仅介绍扎达加推广的肉狗"四改一防"快速饲养技术:

常规饲养肉狗,由于品种狗价格高,圈养密度大,饲料营养不全,致使饲养投资高,管理难,费饲料,生长慢,效益低。推广"四改一防"技术提高了养殖效益。

一、四改

(一)将品种狗改为本地杂狗

由于肉狗养殖业的兴起,使一些倒种者乘机而入,把部分品种狗价抬至上千元,给农户饲养肉狗投资带来了困难,如选用几十元一只的本地杂狗饲养只需投资几千元。采用科学饲料配方,经3～4个月饲养,可生长达到15～30千克。选狗标准应是体形太、温顺、健康、长肉快、吃食好、吃饱就睡的"懒狗"。

(二)将圈养改为拴桩限位饲养

圈养肉狗密度大,不便控制疾病(传染病与寄生虫病)的传播,不利于定量饲料,并易发生咬架,饲养管理困难。采用拴桩限位饲养,限制了肉狗的活动范围,各狗自占食具不能互相接触,避免了咬架,有利于定量饲养和管理。

狗舍应坐北向南,舍高1.2米,宽1米,长度根据饲养数量而定,舍南侧楔铁桩,铁桩数量根据饲养量而定,桩距1.2～1.5米,桩高0.3～0.45米,每条狗用0.5～0.65米的铁链拴在铁桩上,拴好后应能转动自如,白天可使狗转出舍外,夜间及阴雨天回到舍内。

(三)将常规饲料糊状、块状饲喂改为混合麻醉颗粒饲料饲喂

常规饲料其营养单调,只能满足狗体发育对蛋白质、脂肪、粗纤维等简单的营养需求,致使肉狗发育慢,生长期长。把饲料调成糊状来饲喂,因夏季苍蝇多易传播病菌。块状饲喂,因狗有叼食习性,容易把食物叼出食具外,既费饲料又不卫生。混合麻醉颗粒饲料中含有添加剂和麻醉剂,具有普通饲料无法合成的18种氨基酸,能够加速料、肉的转化,促进狗的快速发育,肉狗摄食后进入睡眠状态,能够控制狗的日常运动,避免狗大叫,能减少能量消耗,有利于生长。颗粒料饲喂使狗无法叼食,既卫生又省料。

饲料配制:玉米22.5千克、麦麸12.5千克、豆粕9千克、鱼粉1.5千克、骨粉1.5千克、食盐500克。把料调匀加适量水拌成半湿状蒸熟。再加入麻醉药340～420克,添加剂600克,调匀后即可饲喂。

(四)将去势改为不去势

常规饲养肉狗,为使其性情温顺、增长快,当狗长到5～7.5千克时要进行去势。其实狗的性成熟期在6个月龄以后,母狗7～9个月才第一次发情,公狗5～6个月才有性欲,

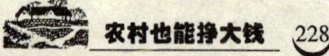

而肉狗育肥出栏多为3~4个月。如果对狗去势,手术后由于管理跟不上及伤口痛等刺激因素的影响,往往会使狗食欲减退,降低饲料转化机能,对狗生长造成不利影响,以致增重慢,所以还是不去势为好。

二、一防

即做到对舍内食具、狗体进行综合预防。舍内要随时清除粪便,打扫干净,隔2天彻底消毒一次。消毒液为10%~20%漂白粉溶液,0.3%~0.5%过氧乙酸溶液;狗的食盆、水盆中的残剩食物和水要及时倒掉,清洗干净,并每5天用2%~3%火碱水浸泡20分钟,然后冲洗干净;对狗定期预防接种三次。第一次4周龄时注射二联苗(防犬瘟热、犬细小病毒病);第二次8~9周龄时注射五联苗(防犬瘟热、犬细小病毒病、狂犬病、传染性肝炎、副伤寒);第三次12周龄时注射五联苗。隔50天驱虫一次,用药为左旋咪唑,以狗体重每千克10毫克用量。发现病狗,及时隔离治疗,预防传染。

一项新兴养殖业

饲养肉狗是一项新兴养殖业,与传统饲养家畜比较,劳力少、周期短、技术较简单,经济效益高。随着人民生活水平的提高和改善,市场对肉狗及其产品的需求量越来越大,促使肉狗养殖业成为集约化养殖业。尤其是我国北方和沿海一些城市,每逢秋冬渐至,一年一度的狗肉烹食业就红火起来,狗肉登入大雅之堂的宴席,为世人争相品尝的美味。

肉狗的养殖分为圈养、拴养、笼养、穴居式养殖。实践证明,除拴养外,圈养具有占地少、易饲喂、出栏齐、成本低、见效快等优势。房前屋后的空闲地、闲置的旧房、旧仓库,鸡舍、猪舍、牛羊舍等可以圈围的地方均可以养殖,每平方米可养商品肉狗2~3只。扎达加养肉狗除了重视信息、爱学技术、苦干加巧干的精神外,就是因地制宜结合地域广阔的特点,选择了拴养和利用羊圈养殖的方法,其饲养技术比较先进,适宜北方草原地区推广。

中国犬业协会会长王国生先生称"肉狗养殖是特种养殖业中的一颗明星"。他在谈到肉狗养殖的经济效益时,给大家算的一笔账为:小型饲养户(以一批养10组计),栏圈场地180平方米,从引种到出栏只需4个月,一只母狗一年可产3胎,一胎可产8~12只小狗,保守地按每只母狗产3胎,一胎产8只成活率98%,每只长至20千克,每千克价30元计算,则每只母狗每年有14 450元收入,除去种价和饲养用料,管理等费用,一般可获纯利近万元。

但是应该看到,饲养肉狗与饲养家畜一样,必须科学饲养,合理管理,才能使饲养周期缩短,投资少,见效快,效益高。若饲养管理不当,则影响其生长发育及其生产力,降低产品的数量和质量,造成严重的经济损失。

当笔者介绍肉狗养殖这种特种养殖业之时,要告诉农民朋友,这种养殖业在北方和沿海地区比较有市场,不可"一窝蜂"赶形势,必须要根据市场预测确定项目。在此,我们不得不冷静地回过头来反思一下近10年来,从牛蛙、美蛙到甲鱼,从鸵鸟、蜈蚣到蚂蚁,从海狸鼠、獭兔、到蟾蜍,几乎都在经历了一段火红的"炒作"和个别单位或个人获得"暴利"之后,就价格回落,甚至造成许多农户痛失"血本",大呼上当受骗。这种"引种—炒种—倒卖—价格回落—农户亏本"的恶性循环,成了影响特种养殖业发展的"怪圈"。产生这种"怪圈"并不是说明特种养殖业不能搞,而恰恰说明它具有广阔的发展前途。但问题在于人们在进行特种养殖时,由于人为的因素,用不正常的运作方式进行炒作,违反了市场经济法则,导致特养业的发展遭到损失。如何走出"怪圈",进一步促进特养业的健康发展呢?

首先,发展特养业同样要遵循发展一般养殖业(如养猪、养鸡)的共同规律的原则。一般来说,发展特养项目要具备五个条件:一是产品要有销路。比如养肉狗,上市季节特别强(秋冬季为主),要按不同季节安排规模而有计划地上。二是要有资源。如果动物资源要从外地引种(特别是高价引种),就要慎重决策,不要一哄而上。三是要有资金。有一定资金或资金来源,才能上一个特种养殖项目,否则就应慎重。四是要有可靠的技术依托。如果对某一种养殖项目的养殖技术一无所知或知之甚少,又没有专家指导,就绝对不能随便上。五是要搞好经营管理。在具备上述条件下,搞好经营管理(包括降低生产成本、广辟销售市场等)是项目成败的关键。

其次,要克服轻易速富心理,用平常心态搞特种养殖业。许多人花上几百元买来几只肉狗或几只鹌鹑,都是受到高回报率的诱惑,冲着高利润和快速致富而来的。其实,特种养殖的产品都具有特定的消费人群(市场),除了人为炒作的短时暴利,其产品价格一定要受市场规律的约束,一旦产品过量,而又没有综合加工体系的支撑和独有而固定的消费渠道作保证,产品价格下滑甚至卖不出去是必然的结果。

第三,不要轻信别人供种回收,要自己多方面开辟销售渠道。现在有不少公司或营销单位,以回收别人养殖的某种食用或药用动物转手倒卖,则本身就是把市场风险转嫁给别人。因此,不能完全依靠从别人那里引种来搞特种养殖。即使是生产初期,确实需要引入一定量的特种动物,也要以自己繁殖发展为基础,结合当地品种、气候和饲料资源条件,有目的地引种,同时要特别注意不要轻易引进自己不熟悉的特种动物品种。

第四,要有完善的支撑体系,特别要注意综合利用和加工增值。例如,养獭兔、竹鼠、不要将它作为食用,而要大力开展皮毛制革和脏器药物加工等综合利用。又如,养黑蚂蚁,要开展食品和药用方面的加工,研制成蚁粉、蚁丸、蚁酒以及蚂蚁饼干等,供药用和食用。

由扎达加养肉狗,以及本书中列举的一些特养业,引出上述话题,目的在于让农民朋友正确对待特养业项目,促进农户投资理念的成熟,使我国特种养殖业得到健康发展。

"矮人张"不屈的创业路
靠红薯致富的故事

1965年,张玉才出生在四川三台县刘营镇映河村;1968年,张玉才突发高烧,引发小儿麻痹症。尽管张玉才的父母背着他四处寻医问药,但数月后,活泼可爱的张玉才还是被命运剥夺了行走的权利。从此,在近11年的时间里,张玉才没有出过家门,几乎是天天坐在床上度过的。

"坐床"的日子,读书识字成了张玉才惟一能做的事。两个哥哥也常常教他,然而他的生活又两次面对悲伤与痛苦。9岁那年,父亲积劳成疾撒手而去;11岁时,张玉才误把雷管当作鞭炮点燃,把右手炸得只剩下小拇指和半截大拇指。

从此伙伴们都叫张玉才"废物",母亲和两个哥哥对他也绝望了。但张玉才没有放弃,他不断地看书练字。开始时,根本握不住笔,他就靠小拇指和半截大拇指配合握着笔练字,成千上万次的握笔练习,小拇指磨破了,流了血,结了痂。终于,他能比较完整地写下自己的名字了。然而,张玉才还是无法行走。14岁的一天,他灵机一动,用手按在脚背上挪动身体。一小步,一小步,他终于挪动了身子。他花了一个多小时挪动500多米,到田间向干农活的母亲大哭大吼:"我能走了!我能走了!"母亲望着在地上靠双手支撑着行走、只有80厘米高的儿子,悲喜交集。

1980年,映河小学扫盲班迎来了一位特殊的学生,他就是15岁的张玉才。他花了近2小时"走"完1千米的路,到了学校。尽管张玉才凭着顽强的毅力,已经自学了小学课程和部分初中课程,但他太渴望与老师、同学欢乐了。

"学了文化,我有啥用途?"在学校里,张玉才为此发愁了,与母亲和哥哥商议之后,他决定学一门技术以解决日后的生计问题。

1982年,张玉才怀揣着母亲和两个哥哥东拼西凑的1400多元钱,只身前往大邑县举办的无线电维修培训班。

张玉才报到时,老师和同学都惊呆了:眼前这位不到1米高的学生,手脚支撑着身体行走,用一个小拇指和半截大拇指握笔流利地填写了报名表,他一下子在几百名学生中"出名"了。

对无线电有关知识,张玉才一窍不通。为了弄懂一个符号、一个公式,他付出的努力是同班同学的几倍。当别的同学都已入睡了,他还在灯下看书,右手抓着馒头,左手握笔演算着各类公式。

结业考试的那天,同学们早早地把张玉才背进了考场,但他不久就睡着了。因为他为了这次考试,连续复习了三天三夜。最终张玉才考试还是合格了。

毕业回家的那天夜里,张玉才在床头墙壁上写下了几个大字:身残志不残。不久,他再次到成都参加了无线电培训班,每月月考,都以优异的成绩通过。

1985年,张玉才在刘营镇上租了一间房,干起了无线电维修。渐渐地,一个会修家电的"矮人张"在刘营镇当地有了名气。张玉才靠自己的双手养活了自己。但不久,两个哥哥都离家到外地打工去了,家里的农事无人安排,为了母亲,张玉才关了店,回到了老家。

然而,张玉才还是觉得应该做点事,他通过艰难的调查,发现做面包、蛋糕可以赚钱。于是他花了500元买回了面包机,又邮购了食品学类的书,但食品学对他来说太深奥了,他只好边学边干。他无法和面、开机,于是他就请人"打工"。第一批面包出炉了,由于没有使用防腐剂,面包只能保存7天。面包必须及时销出,行走困难的他,一筹莫展。半年之后,"面包"创业就草草收场,但因张玉才管理得善,没有亏损。

为了生存,张玉才在后来的岁月里反复寻找生存与致富的途径。1988年,他写信给四川电台邮购了抱孵小鸡的全套资料,通过自学,抱孵出了500只小鸡,但赢利不大;1989年,他又培育食用菌,生产出500多千克,但因菌种质量差,生产出来的食用菌中有杂菌,他血本无归……

张玉才尝到了失败的痛苦。是背着电工工具重回刘营镇开店,还是做一个靠两个哥哥接济过日子的"废人"?

1990年,张玉才挪动着他的身子,开始走村串户地进行调查。最终,他决定找一个适合开发农村资源、投资小、资金周转快的项目。一天,他从收音机里偶然得知山西省某厂家出售红薯加工设备,他被打动了,毅然向亲戚朋友借了3000多元,加上自己的积蓄,共投资5000多元买回了一台红薯加工设备。他在绵三公路一旁,修起了两间平房,一间卧室,一间机房,请了5个人,开始了红薯粉丝的大量生产。

当时,红薯粉丝销路很好,但由于加工设备的技术含量不高,5万多千克红薯仅能产出0.6万千克淀粉,加上5个"打工仔"的工资支出,第一年张玉才亏3700多元。张玉才十分心疼,他想起自己搞抱孵、食用菌、红薯加工都是因技术水平吃了亏,他决心自行设计一台红薯加工机器。张玉才用卖掉第一台红薯加工设备的钱,购买了各类材料,依照红薯加工流程,开始设计起来。足不出户近一个多月后,张玉才自行设计、组装出了一台红薯加工机器。淘红薯、打红薯、漏粉、产粉丝都是自动化运行。红薯提取的淀粉产量也提高了60%,操作人员从5名减少到2名,并把剩下的红薯渣卖给当地农民喂猪。

就在这两个月里,张玉才第一次获得了巨大利润,赚了4000多元。张玉才感受到了自己的才智和价值。此后,他加工红薯、生产粉丝的规模越来越大,到1996年,收购红薯14万多千克,年产粉丝2.5万多千克,两个月内就全部销售到成都、遂宁、绵阳等地,获纯利4万多元。此间,他不断学习管理知识。用他的话说,搞经营就必须提高功效、节约成本和加快资金运转。

"矮人张"的奋斗经历,引起了刘营镇党政领导的关注。

在政府的支持帮助下,张玉才决定"多条腿"走路、搞多元化发展。他在银行贷款数万元,共投资20多万元,扩大厂房,办起了饲养与白酒生产线。

在饲养场里,张玉才喂养了80多头瘦肉型猪。他用红薯渣、酒渣喂猪,可节约饲养成本30%;2000年出栏1000头猪,不仅可获利近5万元,还能解决当地农户卖猪仔的难题。走进鸡舍,大规模饲养即将展开。

小红薯大文章

一、鲜红薯生产淀粉

(一)工艺流程

原料选择→水洗→破碎→磨碎过滤→对浆→撇缸和坐缸→撇浆→起粉→干燥。

(二)生产过程

1. 原料选择

由于红薯品种不同,其品质与淀粉含量也不同,即使同一品种,在不同产地,其品质也有很大差异。要选择好加工淀粉的品种,要求淀粉含量高,带病的红薯不仅不适合做淀粉加工原料,而且在贮藏中会传染给别的薯块,易发生腐烂造成损失,因此要把病薯剔除干净。

2. 水洗

将鲜薯倒入缸中加上清水,用人工进行翻洗,洗完后取出,沥去余水。

3. 破碎

沥水后的鲜薯用破碎机打成碎块,块的大小为2厘米以下,以利于入磨。

4. 磨碎过滤

这是红薯淀粉生产的主要环节,影响产品质量和淀粉产出率。将鲜薯碎块送入石磨或金刚砂磨加水磨成薯糊,鲜薯重量与加水量的比例为1:3~3:5。再将薯糊倾入孔径为60目的筛子中进行过滤。

5. 对浆

经过滤得到的淀粉乳放入大缸中,随即按比例加入酸浆和水调整淀粉乳的酸度和浓度。淀粉乳的酸度和浓度与淀粉和蛋白质的沉淀有密切关系。若淀粉乳酸度过大,淀粉和蛋白质同时沉淀,使沉淀分离不清。酸度过小,蛋白质和淀粉均沉淀不好,呈乳状液,无法分离。根据生产经验,酸浆最佳pH值为3.6~4.0。大缸中淀粉乳浓度为3.5~4.0波美度,加入酸浆量为淀粉乳的2%,加酸浆后淀粉乳的pH值为5.6。若气温高,发酵快,酸浆用量可酌量减少。

6. 撇缸和坐缸

对浆后约静置20~30分钟,使沉淀完成,即可进行撇缸。将上层清泔水及蛋白质、纤维和少量淀粉的混合液取出,留在

底层的为淀粉沉淀。在沉淀过程中酸浆起发酵作用,称坐缸。坐缸时应控制温度和时间。坐缸温度为 20℃ 左右。天冷时必须保温或在加热水混合。坐缸发酵必须发透,在发酵过程中适当地搅拌,促使发酵完成。一般坐缸时间为 24 小时,天热可相应缩短一些时间。发酵完毕,淀粉沉淀。

7. 撇浆过滤

坐缸所生成的酸浆称为二和浆,即酸浆法中主要使用的酸浆。发酵正常的酸浆有清香味,浆色洁白如牛奶。若发酵不足或发酵过头的酸浆,色泽和香味均差,供对浆用时效果不好。撇浆即是将上层酸浆撇出作为对浆之用。撇浆后的淀粉用筛孔为 120 目的细筛进行筛分。筛上物为细渣,可作饲料。筛下物为淀粉,转入小缸。淀粉入小缸后,加水漂洗淀粉,约需放置 24 小时,防止出现发酵现象。

8. 起粉

淀粉在小缸中沉淀后,上层液体为小浆,可与酸浆配合使用,或作为磨碎用水。撇去小浆后,在淀粉表面留有一层灰白的油粉,系含有蛋白质的不纯淀粉。油粉可用水从淀粉表面洗去,洗出液可作为培养酸浆的营养物料,底层淀粉用铲子取出,淀粉底部可能有细沙粘附,应将其刷去。

9. 干燥

经过上述流程,获得湿淀粉。为了便于贮藏和运输必须进行干燥。一般采用日光晒干或送入烘房烘干。

二、干红薯生产淀粉

(一)工艺流程

原料预处理→浸泡→破碎和磨碎→过筛→流槽分离→碱、酸处理和清洗→离心分离和干燥。

(二)生产过程

1. 原料预处理

鲜红薯收获后,通常将它切成片状或丝状,经过日晒或火力干燥后,制成红薯干。这种红薯干在加工和运输过程中不可避免混入各种杂质,所以必须经过预处理。预处理有干法和湿法两种。干法是采用筛选设备和风选设备。湿法处理是用洗涤机或洗涤桶。

2. 浸泡

为了提高淀粉产出率可以采用碱水浸泡。一般用饱和石灰乳或1%稀碱液加入浸泡水,使pH值为10~11。浸泡时间约12小时,温度控制在35~40℃。浸泡后,红薯片含水量为60%。

3. 破碎和磨碎

浸泡后的红薯片随水进入锤片式粉碎机进行破碎,达到一定的细度,穿过筛孔排出机外。薯干在粉碎过程中瞬时温度升高,部分淀粉易受热糊化,以致在过筛时,影响淀粉和薯渣的分离;在流槽分离时又不易沉淀,导致次粉增加,影响好粉产出率。为了防止一次粉碎处理易使淀粉糊化,可以采用两道粉碎,分道过筛的工艺流程。即薯干经第一道粉碎后过筛,然后经第二道粉碎处理,再行过筛。在粉碎过程中,为了降低瞬时温升,根据各道粉碎粒度不同,调整粉浆浓度,头道为3~3.5波美度,二道为2~2.5波美度。同时,采用均料器控制红薯干的进量,均衡粉浆,避免粉碎机的过载现象,也利于流槽分离。

4. 过筛

红薯干经过粉碎后得到的红薯糊又称料液,必须进行过筛,分离出渣子。通常采用平摇筛,料液进入筛面,要求均匀过筛,不断淋水,淀粉随水穿过筛孔进入存浆池,而渣子留在筛面上从筛尾排出。筛网为120目尼龙布。在过筛过程中,由于料液中含有果胶等粘稠物质滞留在筛面上,影响筛子的分离效果,因此,筛布应经常洗刷,以保证筛孔畅通。

5. 流槽分离

经过精筛处理后的淀粉,目前一般采用流槽分离蛋白质。它的优点是建造容易,少用钢材,节省动力,操作也较稳定。缺点是占地大,间歇操作,分离效率低,淀粉损失大,劳动条件差。

6. 碱、酸处理和清洗

为了进一步提高淀粉纯度,在清洗淀粉过程中,还要经过碱、酸处理。淀粉碱、酸处理和清洗都是在带有搅拌装置的水泥池内进行,水泥池的大小根据生产能力确定,搅拌器转速为

60转/分左右。由流槽来的淀粉乳,先经碱处理,目的是清除淀粉中碱溶蛋白质和果胶等杂质。碱处理的方法是将1波美度的稀碱液,缓慢地加入淀粉乳内,控制pH值为12,同时启动搅拌器,充分混合均匀,经半小时后,停止搅拌,待淀粉完全沉淀后,排出上层废液,并注入清水清洗两次,使它接近中性即可。在碱处理过程中,还可加入浓度为35波美度的次氯酸钠液,用量不超过干淀粉重量的0.4%。因为次氯酸钠是一种强氧化剂,具有较强的漂白和杀菌作用,以致能达到增白和防腐的目的。经过碱、次氯酸钠处理和清洗后的淀粉再经酸处理。其目的是溶解酸溶蛋白,中和碱处理时残留的碱性,还可抑制微生物的活动和繁殖。酸处理可用工业盐酸,操作时也必须缓缓地加入,充分搅拌,控制淀粉乳的pH值为3左右。防止局部过酸,造成淀粉损失。加酸后的淀粉乳用碱处理的同样操作方法使淀粉沉淀,除去上层废乳,加水清洗,最后使淀粉呈微酸性pH值为6左右,以利于淀粉的贮存与运输。

7. 离心分离和干燥

清洗后得到的淀粉含水分很高,必须先经离心分离机脱水处理,使淀粉水分含量下降到45%以下。为了有利于贮藏和运输,脱水后的湿淀粉需要进行干燥,达到需要的淀粉含水量。通常红薯淀粉的水分为12%~13%。淀粉干燥可采用气流干燥,因为它具有干燥速度快、效率高、设备生产能力高和设备造价较低等优点。

三、红薯粉丝加工

(一)红薯粉丝加工的工艺流程:

淀粉——打浆——调粉——漏粉——冷却、漂白——冷冻——干燥——成品。

(二)工艺

1. 打浆

先将少量淀粉用热水调成稀糊状,再用沸水冲入调好的稀粉糊,并不断朝一个方向快速搅拌,至粉糊变稠、透明、均匀,即为粉芡。制100千克干红薯粉丝,需用明矾300克,开水35千克,用作打浆的干淀粉约需3千克。

2. 调粉

先在粉芡内加入0.5%的明矾,充分混匀后再将湿淀粉和粉芡混合,搅拌搓揉至无疙瘩、不粘手、能拉丝的软粉团即可。漏粉前可先试一下,看粉团是否合适,如漏下的粉丝不粗、不细、不断即为合适。如下条太快,发生断条现象,表示粉浆太稀,应掺些干淀粉再揉,使粉团韧性适中;如下条困难或速度太慢,粗细又不匀,表示粉团太干,应再加些湿淀粉。调粉以一次调好为宜。粉团温度在30~40℃为好。

3. 漏粉

将揉好的粉团放在带有小孔的漏瓢中,漏瓢孔径7.5毫米,粉丝细度0.6~0.8毫米。用手挤压瓢内的粉团,透过小孔,粉团即漏下成粉丝。距漏瓢下面55~65厘米处放一开水锅,粉丝落入开水锅中,遇热凝固煮熟。水温应保持在97~98℃,开水沸腾会冲坏粉丝。在漏粉时,要用竹筷在锅内搅动,以防粉丝粘着锅底。生粉丝漏入锅内后,要控制好时间,掌握好火候。煮的时间太短,粉丝不熟;煮的时间太长,容易涨糊,使粉丝脆断。

4. 冷却、漂白

粉丝落到沸水锅中后,待其将要浮起时,用小竹竿挑起,拉到冷水缸中冷却,目的是增加粉丝的弹性。冷却后,再用竹竿绕成捆,放入酸浆中浸3~4分钟,捞起凉透,再用清水漂过,并搓开互相粘着的粉丝。酸浆浸泡的目的是漂去粉丝上的色素,除去粘性,增加光滑度。为了使粉丝色泽洁白,还可用二氧化硫熏蒸漂白。二氧化硫可用点燃硫磺块制得,熏蒸可在一密闭室内进行。

5. 冷冻

红薯粉丝粘结性强,韧性差,因此需要冷冻。冷冻温度为-8~-10℃,达到全部结冰为止。然后,将粉丝放入30~40℃的水中使其融化,用手拉搓,使粉丝全部成单丝散开,放在架上晾晒。

6. 干燥

晾晒架应放在空旷的晒场,晾晒时应将粉丝轻轻抖开,使之均匀干燥,干燥后即可包装成袋。

四、红薯粉皮加工

（一）粉皮加工工艺流程

调糊——上旋蒸糊——冷却——漂白——干燥——成品。

（二）工艺

1. 调糊

先将红薯淀粉用冷水拌好,再慢慢加水调成稀糊,用水量约为淀粉量的2.5~3倍。然后把事先配好的明矾水加入,不断搅拌均匀,调至无粒块为止。每100千克淀粉加明矾300克。

2. 上旋蒸糊

用粉勺取调成的粉糊60克左右,放入旋盘内,旋盘为铜或白铁皮制的直径约20厘米的浅圆盘,底部略微外凸。将粉糊加入后,即放在浮于锅中的开水上面,并拨动使之旋转,使粉糊受到离心力的作用随之由底盘中心向四周均匀地摊开,同时受热而按旋盘底部的形状和大小糊化成型。待粉糊中心没有白点时,即连盘取出,放入清水中冷却。在蒸糊操作时,调粉缸中的粉糊需要时时搅动,使稀稠均匀。此道工序是制作粉皮的关键,必须动作敏捷、熟练,浇糊量稳定,旋转用力均匀,才能保证粉皮厚薄一致。

3. 冷却

将烫熟的粉皮,投入水中片刻,捞出沥干水分。

4. 漂白

将制成的湿粉皮,放入酸浆中漂白,漂白后捞出,再用清水漂洗干净。

5. 干燥

把漂白、洗净的粉皮摊到竹匾上或贴在预先准备好的高粱箔上晒干,待干透取下剪边包装。

干燥后的粉皮,要求其水分含量不超过12%,干燥无湿块,完整不碎。

超越平凡

张玉才是一位残疾人,他与命运抗争的精神,实在可敬可佩!而成功的关键只能用一句话概括:百折不挠,超越平凡,一丝不苟,重塑自我。

红薯,农业上最普通的作物。以前农民种红薯,一是为了果腹,二是作饲料喂猪,而今它却成了农民致富的希望。

近几年,国内外一些地区掀起了一阵红薯食品热,一些较大的食品厂竞相开发红薯制品,使普通的红薯成为人们喜好的新潮食品。张玉才抓住这个机遇,自行设计红薯加工设备,不但加工红薯淀粉,而且生产出红薯粉丝,他的红薯深加工技术前景十分看好,在我国南方可以此加工红薯,北方可加工马铃薯,最大限度地提高其附加值,值得在广大农村普遍推广。据专家预测,红薯粉丝,国内年需100万吨以上。日本、韩国、新加坡、越南等东南亚地区,年需量在85万吨以上,因此市场容量极大。特别是我国南方薯产区,家家户户都可以种它,而作坊式生产淀粉或开展薯类淀粉加工,然后可出售淀粉,也可再加工成粉丝。四川绵阳有个"光友公司",专门从事"红薯粉丝方便面"生产,年销量万吨以上,联系着全国60多万薯区农户,将红薯淀粉加工从粗放型转变为集约型经营,使几角钱500克的红薯增值20多倍。

按照张玉才的设计加工的设备,一般投资1000多元即可进行红薯淀粉加工,投入10000多元就可生产粉丝,投资利润率为110%。按张玉才的加工方法,一般5千克鲜红薯即可加工1千克淀粉,鲜薯按每千克0.24元计,原料成本1.20元,而干淀粉售价每千克2.80元,纯利润每千克达1.60元。但应考虑的是:首先,最好与"光友公司"合作,或合作投资建厂,或成其该公司的供粉大户,实现产业化生产;其次,如果自己建厂,要着重解决淀粉净化脱色技术,使粉丝由黑变白,同时要由手工作坊生产变为机械化连续作业,由一季生产变为四季可加工;再次种植的红薯一定要选用淀粉含量最高的品种,使之获得更大的经济效益。

目前,张玉才雄心勃勃,他不但已将精白粉丝加工成了方便粉,而且正在开发红薯保健饮料等。小红薯、大文章,愿农民朋友摆脱红薯传统种植,使它增值,增收,从薯类加工这个产业走上致富之路。